DDP
DRESS IN
SEOUL

NemoFactory

(10359) 1F, 52-11, Ilsan-ro 441 beon-gil,
Ilsandong-gu, Goyang-si, Gyeonggi-do, Korea
E_ nemofac@naver.com
www.nemofactory.net

ⓒ NemoFactory / **ISBN** 979-11-956786-0-0 (13610)

All rights reserved. No part of this publication may be reproduced, stored in a retrieval system or transmitted in any form or by any means, electronic, mechanical, photocopying, recording or otherwise, without the written permission of **NemoFactory**

DDP
DRESS IN
SEOUL

2012
서울지역8개건축대학연합전시회
Architecture University Union in Seoul

걷고 싶은 서울,
걷고 싶은 거리.

UNION OF ARCHITECTURE UNIVERSITY IN SEOUL
2013 THE 2ND UAUS EXHIBITION COMPETITION

대학생건축과연합
UAUS

대학생 건축과 연합회 Union of Architecture University in Seoul 는 수도권의 주요 19개 대학 건축과 학생 연합단체입니다. 매 해 연합회장 주관으로 기획단을 구축하여 전시회 및 각종행사를 기획하고 있으며 전시를 성공적으로 개최, 그 규모가 커지고 있으며 학생들만의 자치적인 기획으로 대학생 건축과 연합회로서 자리매김 하고 있습니다. 최종적으로 국내대학 뿐만 아니라 해외대학간의 연합을 만들어, 그를 통해 건축과 학생 간의 공동체 의식을 고양하고 건축으로서 일반 시민들과 소통하는 문화를 만드는 것이 연합회의 목표입니다."

UAUS EXHIBITION

UAUS 대학생 건축연합축제는 매해 상반기 학생들의 노력으로 이루어지고 있으며,

2012년 제1회 [8개 대학 연합전시회]는 연세대 민주광장에서 120명의 학생이 참여
2013년 제2회 [걷고 싶은 서울, 걷고 싶은 거리]는 홍대 거리에서 180명의 학생이 참여
2014년 제3회 [REFOCUS SEOUL Architecture]는 마로니에 공원에서 250명의 학생이 참여
2015년 제4회 [디디피, 서울을 입다]는 동대문디자인플라자에서 총 19개의 대학교
건국, 경기, 경희, 고려, 광운, 국민, 단국, 동국, 명지, 서울과학기술, 서울시립, 성균관, 세종, 연세,
이화, 인하, 중앙, 한양, 홍익대에서 304명의 학생이 참여하여 만들어낸 전시입니다.

매해 5월에 진행되는 축제는 학생들의 자발적인 움직임으로 해를 거듭할수록 규모가 더욱 커지고있습니다.
건축공모전과는 달리 경쟁보다 건축과 학생들 간의 소통을 중요시하며 함께 성장할 수 있는 발판을 제공하고 있습니다.
이 작품집은 제 4회 연합축제 "디디피 서울을 입다"의 축제 준비 과정과 결과물을 담은 UAUS 네 번째 작품집입니다.

이종빈_강창하_김균철_김수정_김의종_김준현_김해연_박순원_변지우_양원중_임치무_이정현_정민영_조은아_조성민

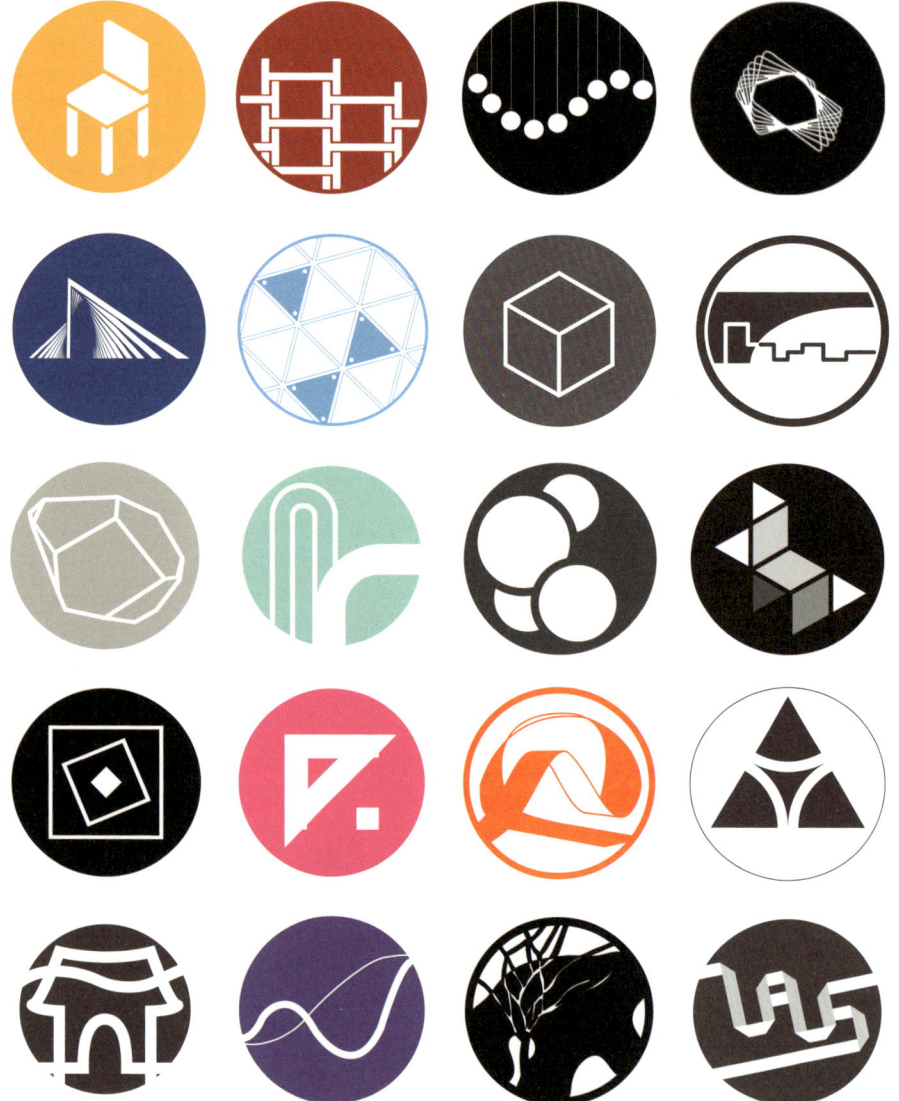

DDP
DRESS IN
SEOUL

디디피, 서울을 입다

산과 물이 있는 도시 서울. 서울의 도시화는 서양의 평면도시의 개념을 적용하여 기존의 산을 깎고 물길을 막는 방법으로 진행되었습니다. 그 결과, 시민들에게 무분별한 개발도시의 이미지를 심어주게 되었고, 해결보다는 성장에 초점을 두면서 문제는 더욱 심화되었습니다. 이에 서울시는 서울 건축 선언을 발표하고 총괄건축가를 임명하는 등 기존에 없던 적극적인 움직임을 보이고 있습니다. 1925년 일제강점기에 건설되어 83년간 한국 근대사의 빛과 그림자를 함께했던 동대문 운동장. 2007년 12월, 동대문 운동장은 철거되고 그 자리에 동대문 디자인 플라자가 건설되었습니다. 역사적 의미가 깃들어 있는 이 자리에서 서울의 정체성을 알리고자합니다. 이번 축제의 마스터플랜은 현재 동대문디자인플라자에 집중되어 있는 인구밀도를 동대문역사문화공원 방향으로 분산시켜 사이트 전체가 활기를 띨 수 있도록 하는 것입니다.

"디디피, 서울을 입다" 라는 주제로 서울 곳곳의 지역적 특성을 디자인 요소로 가져와 창의적인 파빌리온을 전시합니다. 이를 통해 시민과 관광객들에게 서울의 정체성을 알리고 앞으로 서울이 나아가야 할 방향을 함께 고민해 보는 시간을 가질 것입니다. 야외전시로 진행되며 누구나 즐기며 쉬어갈 수 있는 공간을 만들어, 건축과 예술의 경계에서 재미를 찾아가는 즐거운 축제가 될 것입니다.

Contents

세종대학교
노량진 블루스 14

홍익대학교
NAKED SEOUL 26

연세대학교
뒤집다, 서울을 38

국민대학교
DRESS IN 청계천 [TECTONIC REVERSE] 50

단국대학교
만지다, 흐름을, 서울의 62

한양대학교
Seoul Flows in You 74

건국대학교
DRESS ON MEMORIES 86

경기대학교
DDP KIS [Plug in Seoul, Dress in Seoul, Knock in Seoul] 98

경희대학교
CHAOSMOS 110

이화여자대학교
서울을 벗기다 122

서울시립대학교
서울, 지하철, 붐빔 134

서울과학기술대학교
Chair me, Share me 146

중앙대학교
MAZE; hazed gaze 158

인하대학교
창신동 DDP를 엮다 170

동국대학교
DDP를 엮다 182

명지대학교
TRANSFER_지하철 속 우리의 무관심 194

광운대학교
다름, 닮음, 담음 - DDP도 서울이다 206

성균관대학교
서울, 소리로 보다 218

고려대학교
Satin 214 230

_UAUS 2015   _DDP DRESS IN SEOUL

박미영_송기득_박상민_최재영_전진아_정수영_이용주_이승현_강석제_곽은진_김재희_김희곤_이승용_임차경_정은주

세종대학교
노량진 블루스

_UAUS 2015   _ DDP DRESS IN SEOUL

의자 + 의자 + · · · · + 의자

노량진의 수험생들은 입시 및 취업준비로 스트레스를 받으며 그들의 꿈을 향해 나아간다. 우리는 그들의 스트레스를 건축적으로 표현하고자 했다. 또한 그들의 스트레스가 작게나마 해소되는 과정까지 건축적 언어 안에 담아냈다. 이러한 과정 속에서 그들의 스트레스를 표현해 낼 수 있는 상징적 오브제로 '의자' 를 선택하게 되었다. 의자는 두 가지 상반된 성격을 지니고 있다. 실질적으로 수험생들이 공부를 하며 스트레스를 받는 장소 이기 때문에 '압박감' 을 느끼게 하는 매개체이다. 반면에 심신이 지친 사람들에겐 편안한 '휴식' 의 공간을 제공 해 주는 기능도 동시에 한다. 의자의 양면성을 파빌리온에 담아, 외부적으로는 노량진에서 가져온 '스트레스' 의 의미로서 시각적으로 튀어나오거나 폭발적인 인상을 줄 수 있도록 의도하고, 반면에 내부 공간은 평소에 DDP나 타 공간에서 쉽게 느끼지 못했던 부드러운 촉감과 공간감을 형성해 외부에서 받았던 스트레스를 자연스레 해소할 수 있는 '안락함' 의 공간을 만든다.

IMAGINE MATERIALIZATION REAL!!

STEP 1.

=

STEP 2.

압박감

+

STEP 3.

안락함

_UAUS 2015 _DDP DRESS IN SEOUL

_노량진 블루스 　　　_세종대학교 　　　_23

_UAUS 2015   _DDP DRESS IN SEOUL

_노량진 블루스 _세종대학교

_ UAUS 2015   _ DDP DRESS IN SEOUL

이진혁_정현기_강민구_김현석_배홍철_신기태_이주형_정창원_황호선_오성률_김유승_성솔누리_최시헌_허주혜

_UAUS 2015   _DDP DRESS IN SEOUL

NAKED SEOUL

우리는 아파트를 보지 못한다. 우리가 보았다고 생각하는 것은 무분별하게 늘어선 거대한 콘크리트 덩어리다. 하지만 아파트는 우리의 일상 속에 가까이 있으며 지난 60년간 서울 속 우리들의 삶을 고스란히 보여준다. 빼곡히 채워진 아파트들을 모티브로 하여, 우리가 살고 있는 터전, 지나가버리던 추억이 될지도 모를 서울의 모습에 대하여 이야기를 하고 싶었다. 차곡차곡 쌓여진 동일한 칸 들 속에서 다양한 일상을 담고 있는 아파트. 이러한 아파트의 모습이 우리가 보아야하는 서울의 모습이 아닐까? 유연한 높이로 넓게 펼쳐진 풍경으로 서울 속 아파트를 그리고자 했다. 아파트의 표피를 벗겨낸 원초적인 구조체의 모습을 나타내는 재료로써 철을 이용하였고, H형태의 유닛을 겹겹이 쌓음으로써 실제 아파트의 방과 거실을 유닛으로 하는 세대를 만들었다. 파빌리온으로 가까이 갈수록 하나로 보였던 파노라마가 분절되어 나타나는데 관람객들이 각 픽셀에 사람 모형을 놓음으로써 파빌리온과 관계 맺기를 원했다. 밤이 되면 몇몇 가구에 불이 켜지고 디디피의 야경과 아파트의 야경이 하나로 보이는 모습으로 등장한다. 이 파빌리온이 우리의 일상을 다시금 생각해 볼 수 있는 계기가 되길 바란다.

_UAUS 2015 　　　　　_DDP DRESS IN SEOUL

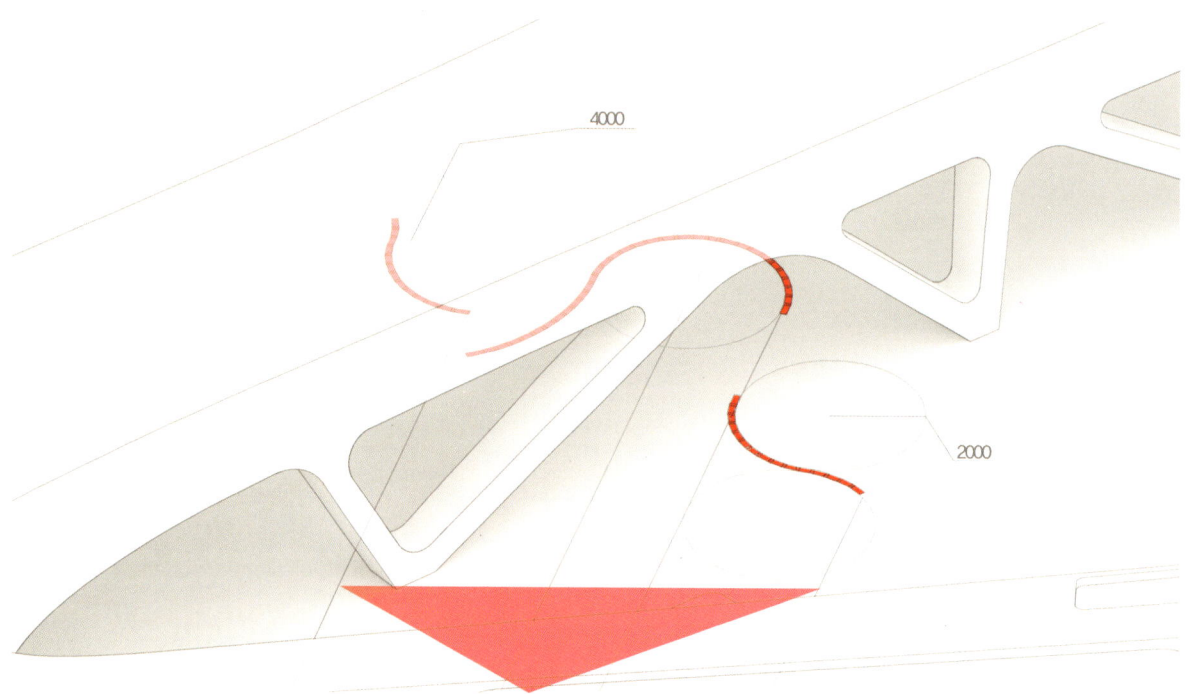

PROCESS 01. 파노파라 뷰 배치

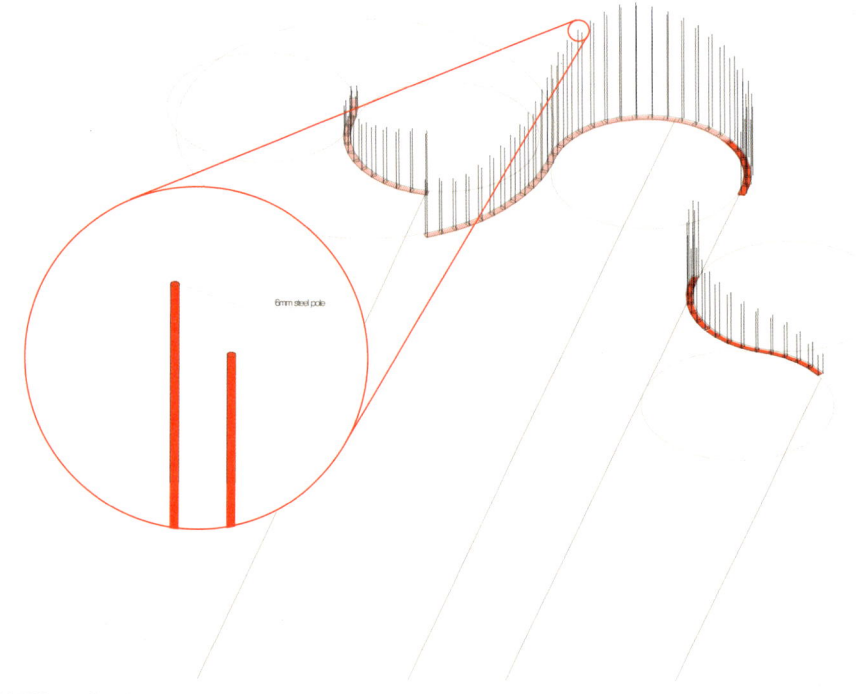

PROCESS 02. 기초 파이프 고정

PROCESS 03. H철판 구조물 모듈 쌓기

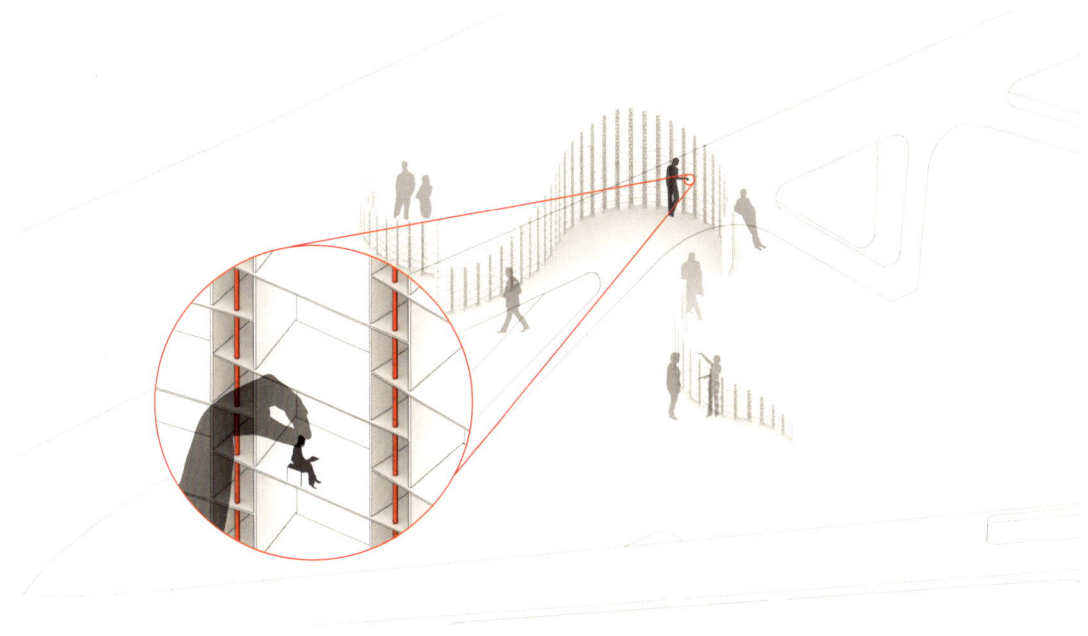

PROCESS 04. 사람모형 놓기

_UAUS 2015   _DDP DRESS IN SEOUL

_ UAUS 2015   _ DDP DRESS IN SEOUL

_UAUS 2015 _ DDP DRESS IN SEOUL

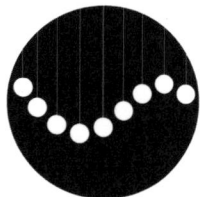

류서영_구재윤_김성직_김재범_박현준_송민구_신석원_신성호_장서연_최형주

_ UAUS 2015   _ DDP DRESS IN SEOUL

YONSEI
Department of Architecture Yonsei University

뒤집다, 서울을

급격한 경제발전에 힘입어 대한민국의 수도 서울은 거대 메트로폴리탄으로 성장하였다. 하지만 거대한 고층 건물에 둘러싸인 서울 속 사람들은 정작 여유와 정적을 느끼지 못하며 살고 있다. 그래서 우리는 서울의 거대한 건물들을 뒤집어 허공에 띄움으로써 현재 우리가 살고 있는 도시의 압박감으로부터 벗어나게 함과 동시에 도심 속에서 느낄 수 없었던 여유로움을 공간으로 구현하고자 하였다. 도시의 건물들을 단순한 박스 형태가 아닌 구형의 메스로 나타내었으며 그것들을 매달아 시선을 위로 유도함으로써 도시의 시가지에서 벗어나 건물이 집약된 서울의 모습을 새로운 시각에서 바라볼 기회를 제공할 것이다. 또한 다양한 높이의 건물들이 만들어내는 서울의 스카이라인을 구체들의 율동감 있는 높이차로 표현하였으며, 그러한 구체들이 자연스러운 하나의 면을 만들어 그 아래에 아늑한 공간을 구현하고자 하였다.

CONCEPT

서울의 특징 중 하나인 건물 사이의 높이 차이에 초점을 두고, 밀집된 고층 빌딩에 둘러싸여 항상 아래만 보며 살아가는 사람들에게 뒤집힌 도시를 통해 위를 볼 수 있는 계기를 마련하였다.

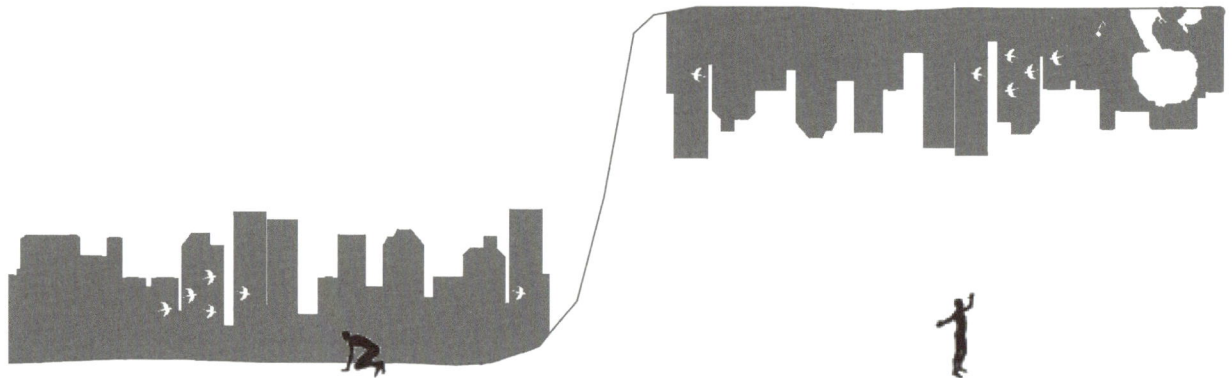

갑갑한 서울의 도시 속에서 여유를 잃은 채 살아가는 사람들에게 건물을 뒤집음으로써 새로운 시각의 넓은 공간을 제공하고자 한다.

EXPECTED IMAGE

PLUG-IN TO DDP

1. DDP 다리의 형태와 그 아래 공간에 주목

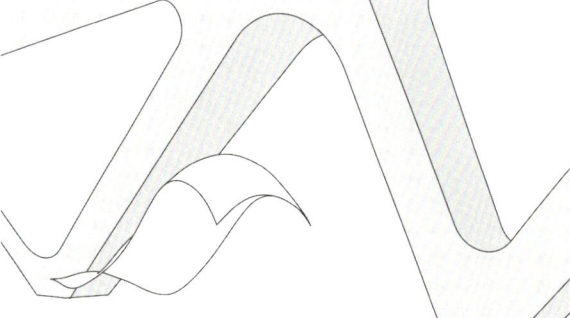

2. 다리의 비정형적 형상을 본뜸과 동시에, 다리 밑에 형상을 삽입 시킴

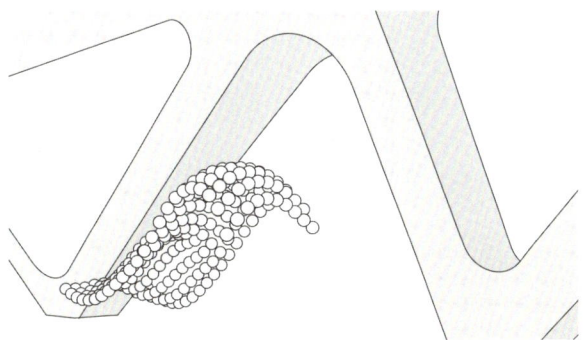

3. 구형태의 매스를 통해 최종 디자인 도출

PROGRAM

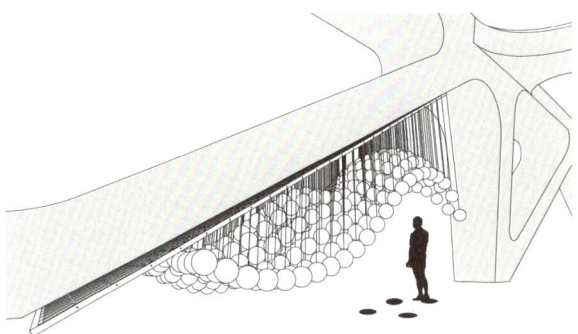

1. 바닥에 설치된 ICON 센서를 통해 현재 진행중인 DDP내의 전시를 소개

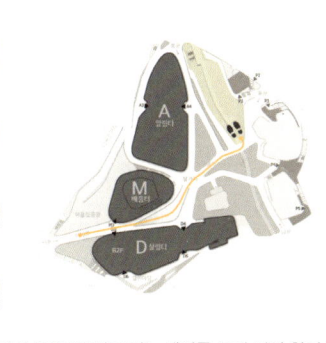

2. 원하는 전시의 ICON을 발로 밟는 행위를 통해 시민 참여 유도

3. ICON을 밟으면 해당 전시의 위치와 정보를 담은 구에서 불빛이 들어옴. 시선을 위로 향하게 함과 동시에 정보제공

ELEVATION

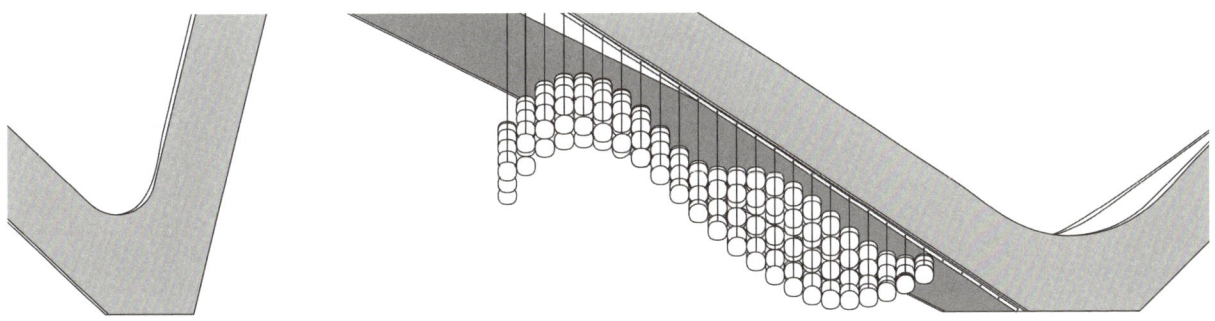

_UAUS 2015   _DDP DRESS IN SEOUL

_뒤집다, 서울을 _연세대학교 _49

_UAUS 2015 _ DDP DRESS IN SEOUL

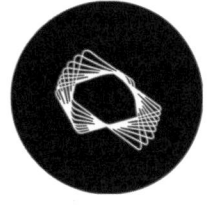

조현우_정문규_류혜성_김선진_박문_신종혁_전종길_하동균_이예원_박정호_김하은_김윤선_김연진_김승묵

DRESS IN 청계천 [TECTONIC REVERSE]
[국민대학교]

_ UAUS 2015   _ DDP DRESS IN SEOUL

DRESS IN 청계천 [TECTONIC REVERSE]

우리는 청계천이 도심 속에서 새로운 공간을 제공함과 더불어 청계천을 중심으로 형성된 상권들과의 소통에 주목했다. 이 2가지의 큰 틀에서 물결치는 청계천의 흐름을 외관에서 형상화하고, 내부에서의 인포메이션, 동선 유도, 그리고 시각효과를 제공한다. 거울을 통해 DDP가 REVERSE되어 내부 공간에서 드러나고, 이 공간에서 시민들이 잠시 머물며 서울 속 청계천이라는 장소성과 DDP속에서의 청계천은 어떤 곳일까 생각 할 수 있게 한다.

DIAGRAM

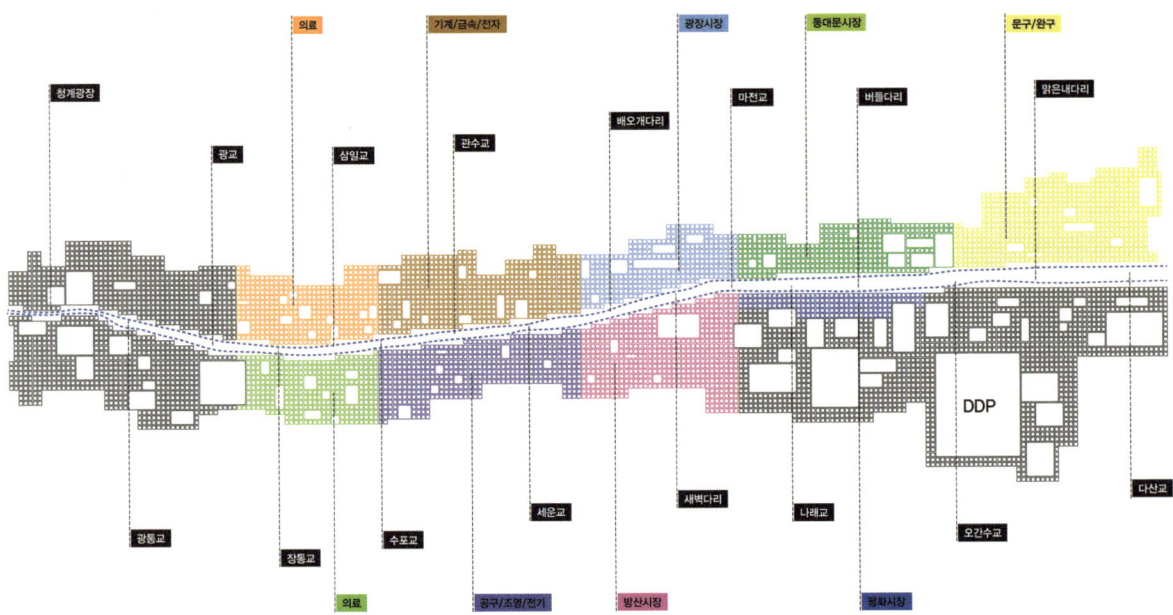

DESIGN PROCESS

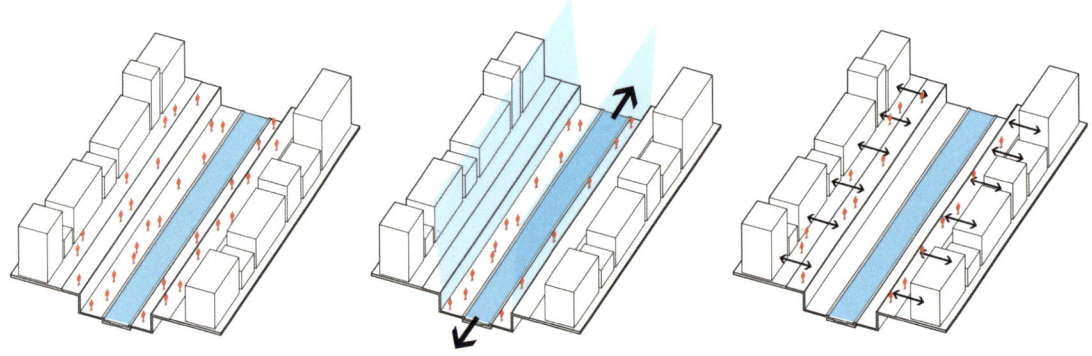

DDP를 설계한 건축가 자하 하디드는 쉴 새 없이 변화하고 움직이는 동대문의 역동성에 주목했다고 말했다. 서울이라는 도시공간속의 DDP의 성격과 맥락을 같이하는 장소가 무엇인지 고민했고, 청계천이 DDP의 역동성과 궤를 같이한다 생각했다. 청계천은 역사의 흐름에 따라 사람과 환경의 요구에 맞추어 많은 변화를 거쳤다.
지금의 청계천은 축제이벤트, 관광프로그램, 인프라 조성 등을 통해 서울의 문화, 역사, 장소성 뿐만 아니라 복원과 재생의 모범 사례로 역할을 하고 있다.

GEOMETRY

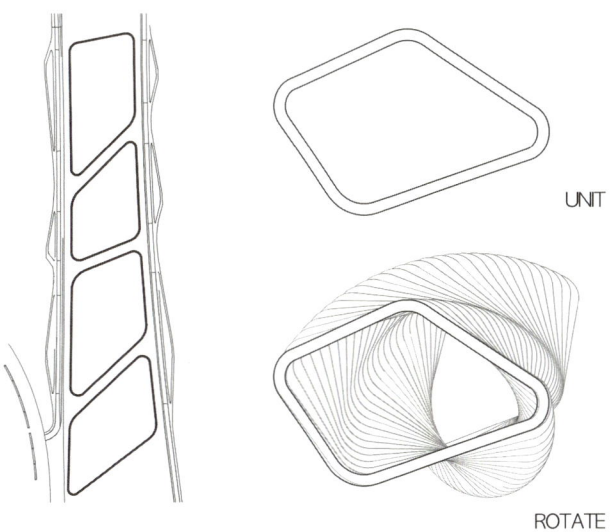

UNIT

ROTATE

DDP BRIDGE

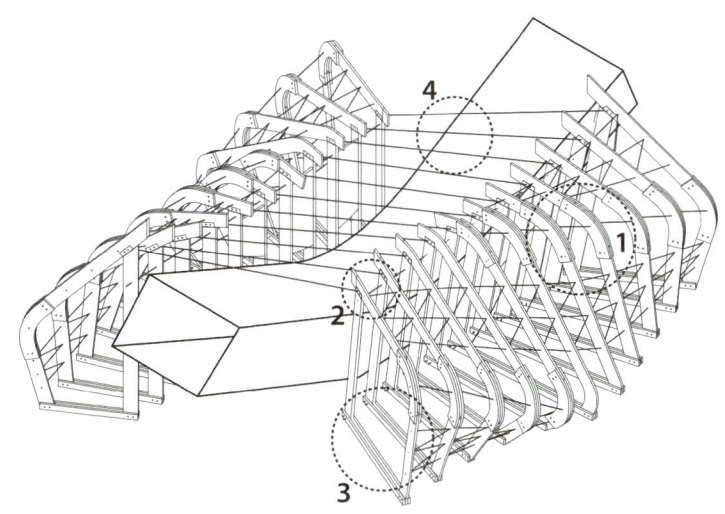

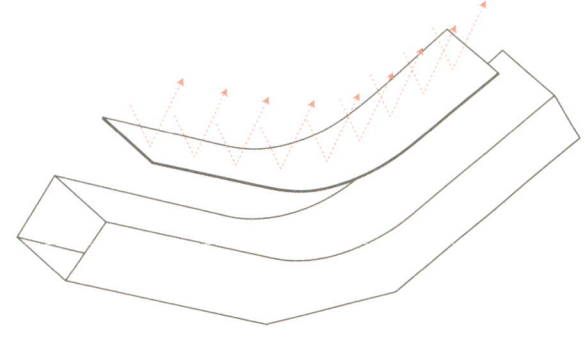

_UAUS 2015 _DDP DRESS IN SEOUL

_UAUS 2015 　　　　　　　　　　　　　　　　_DDP DRESS IN SEOUL

_UAUS 2015   _ DDP DRESS IN SEOUL

고영현_윤준영_김길태_허림_신동휘_이민수_이지민_김현준_여현문_안승환_박도연_서수정_박영신_문연준_최우석_최성광

만지다, 흐름을, 서울의

단국대학교

_ UAUS 2015   _ DDP DRESS IN SEOUL

만지다, 흐름을, 서울의

서울은 끊임없이 흐른다. 그 중심에는 사람이 있고 그 사람들에 의해 만들어진다. 서울을 입으려면 순간이 아닌, 계속되는 흐름과 그것을 변화시키는 사람들을 담아내야 한다고 생각했다. 끊임없는 연기의 움직임으로 서울의 흐름을, 알 수 없는 방향으로 흩어지는 연기를 통해 예측 불가능한 서울의 변화를, 사람들이 만지면서 생긴 연기의 모습으로 사람들에 의해 만들어지는 서울을 담아냈다.

_ UAUS 2015　　　　　_ DDP DRESS IN SEOUL

Dress In Seoul

끊임없이 움직이는 작은 입자들이 퍼져나가는 모습은 서울을 닮았다. 이런 기체가 눈에 잘 보이는 형태인 연기, 이 매개체를 통해 서울의 흐름을 보고 만질 수 있도록 하였다.

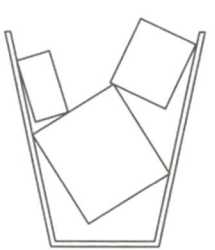  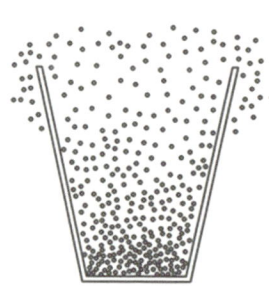 

Plug in DDP

지정된 구역에서 가장 크게 다가오는 이미지는 다리 기둥의 삼각형 모듈이다. 이런 모듈 형태를 기본으로 연속적으로 배치시켜 통로를 만들고 모듈을 회전시켜 동대문 역사 문화 박물관으로의 방향성을 제시하였다.

_UAUS 2015   _DDP DRESS IN SEOUL

UAUS
Union of Architecture University in Seoul

UAUS
Union of Architecture University in Seoul

_UAUS 2015   _DDP DRESS IN SEOUL

_UAUS 2015   _DDP DRESS IN SEOUL

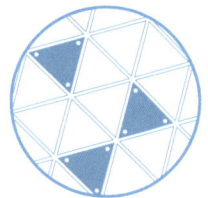

김유현_명준일_선우욱_정연욱_박상혁_김선아_이수빈_우지효_차윤지_김진솔_이효희_김부빈_김혜수_지승현_최지호_배동주_정민석

한양대학교
Seoul Flows in You

_ UAUS 2015

_ DDP DRESS IN SEOUL

_ UAUS 2015   _ DDP DRESS IN SEOUL

Seoul Flows in You

서울의 모든 풍경은 강과 함께 흐른다. 다양한 풍경으로 이루어진 서울에는 고층 빌딩과 고궁, 서울을 둘러싼 산과 숲, 도심을 가로지르는 강, 화려한 조명, 수 많은 자동차의 불빛이 공존한다. 어느 도시의 강보다도 넓고 긴 한강은 이러한 다채로운 풍경들을 모두 담아내는 공간이자 장소이다. 병풍처럼 펼쳐진 아파트, 빼곡히 늘어선 가로등, 강변도로의 자동차까지, 빠르게 움직이는 서울은 시시각각 한강에 투영된다. 미세하게 흔들리는 한강의 수면 위에서 흐드러지는 서울의 풍경은 그 자체로는 낯설지만 신선한 풍경으로 서울시민들에게 다가온다. 기존의 상을 반사 및 왜곡시켜 주변의 풍경을 자신에게 담아내는 한강의 특징을 DDP에서 재현 하고자 한다. DDP에 흐르는 한강 또한 반사와 왜곡을 통해 DDP와 길게 펼쳐진 파빌리온들을 구경하는 사람들의 모습을 담아내고, 이를 통해 낯선 시각적 풍경을 DDP에 선사할 것이다. 우리는 더 이상 한강을 먼발치에서만 바라 보고 느낄 필요는 없다. DDP에 입혀진 한강은 주변의 풍경을 담아내어 낯설지만 신선한 풍경을 만들어 낼 것이고, 사람들은 재료가 다른 파빌리온의 윗면과 아랫면을 보고 뚫린 구멍으로 고개를 넣어 낯설지만 신선한 풍경의 일부가 되어 경험하고 즐길 수 있다.

_ UAUS 2015   _ DDP DRESS IN SEOUL

1. Given site area
2. Function of passage
3. Accessibility from upper level
4. Place of social gathering
5. Reflection & Distortion
6. Making shadows

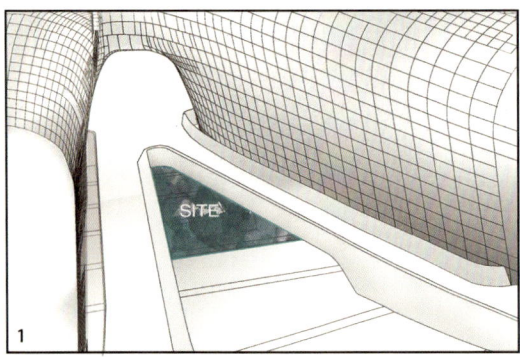

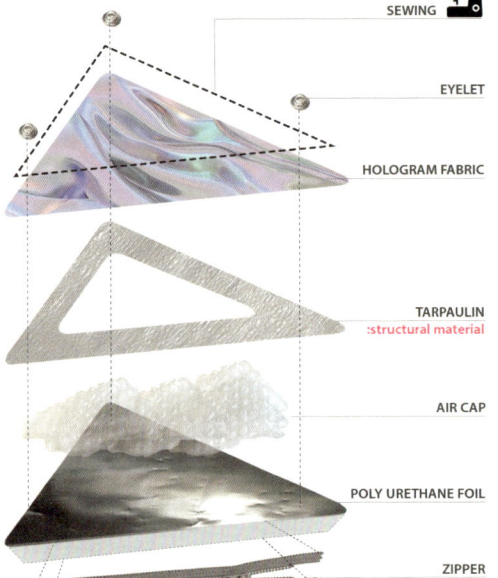

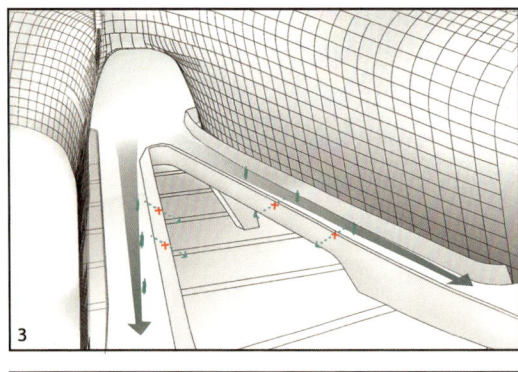

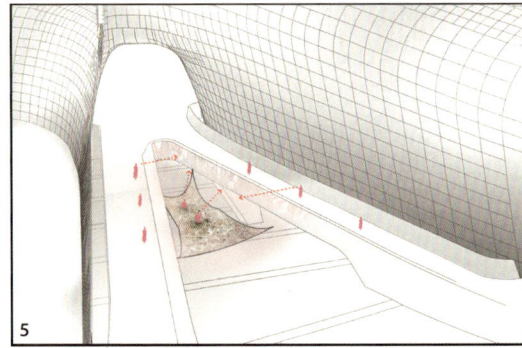

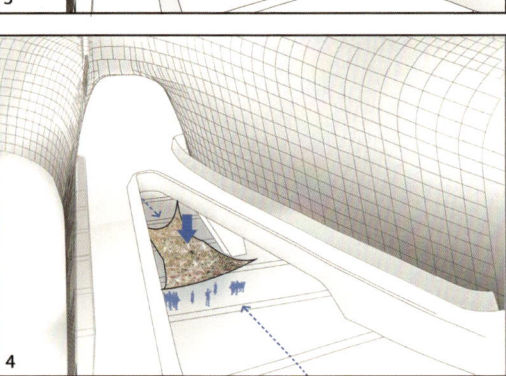

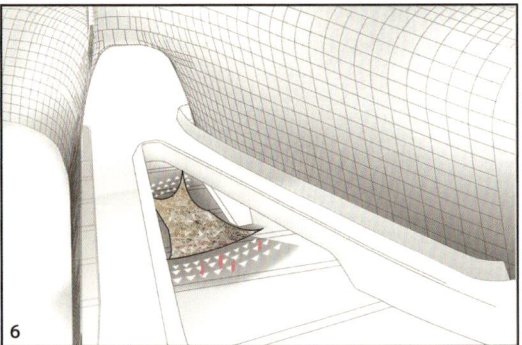

_UAUS 2015   _DDP DRESS IN SEOUL

_UAUS 2015   _DDP DRESS IN SEOUL

_ UAUS 2015   _ DDP DRESS IN SEOUL

조성_최민수_조병준_최윤아_최유나_김영현_이가윤_이창후_이의성_박지은_박호준_박태원_최명주_김소영_김민우

건국대학교
DRESS ON MEMORIES

_ UAUS 2015

_ DDP DRESS IN SEOUL

_ UAUS 2015   _ DDP DRESS IN SEOUL

DRESS ON MEMORIES

서울시 도봉구 방학동엔 820년 된 은행나무가 아파트들
사이에서 굳건히 자리를 지키고 있다.

고려시대부터 조선, 뼈아픈 일제강점기, 6.25를 지나
집적회로 같은 미래도시를 연상케하는 현재의 서울까지도,
우리는 이 은행나무를 다른 도시들과 서울을 구분 짓는
특징인 강과 산, 즉 자연으로 확장시키고자 한다.

최첨단 서울의 랜드마크인 DDP에 우리의 역사를 간직한
자연을 파빌리온으로 형상화하여 시민들에게 과거로 접속하는 기회를 주고자 한다.

_ UAUS 2015 　　　　_ DDP DRESS IN SEOUL

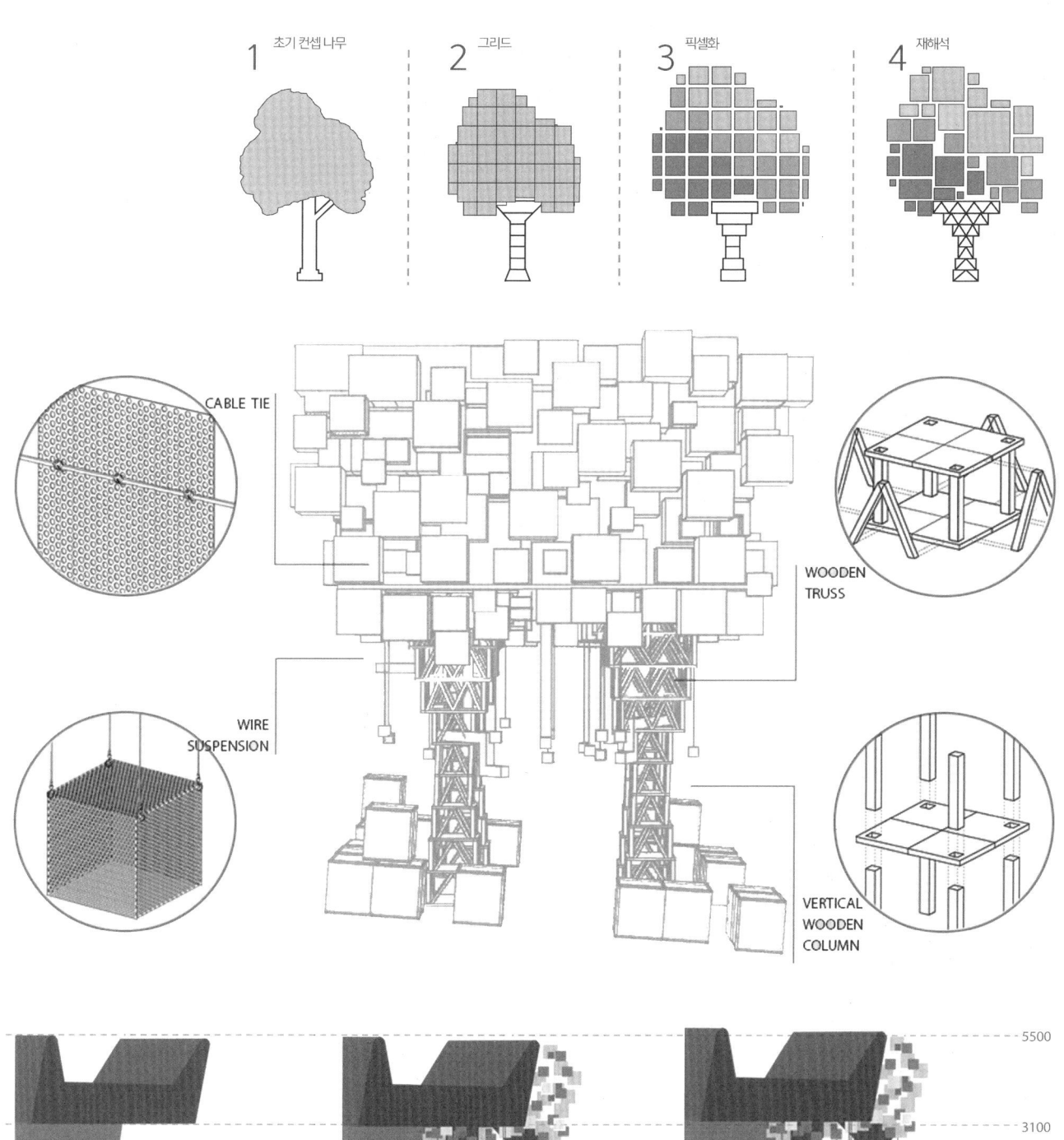

_UAUS 2015   _DDP DRESS IN SEOUL

_ DRESS ON MEMORIES   _ 건국대학교

_UAUS 2015   _DDP DRESS IN SEOUL

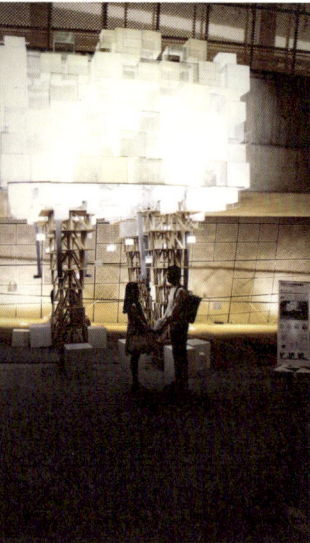

_ UAUS 2015   _ DDP DRESS IN SEOUL

김태현_문준용_이승용_조용근_전호성_김성주_최수진_정수연_박가영_원동찬_나태호_박지수_조아라_김우석_정진_조소희

경기대학교
DDP KIS
[Plug in Seoul, Dress in Seoul, Knock in Seoul]

_UAUS 2015 　　　　　　　_DDP DRESS IN SEOUL

낯선 공간 안에서 서울을 느끼다

서울의 청계천은 일제시기이래 생활 하수구로 변모하였고, 1960년대 위생문제 및 도로기반 시설 차원에서 복개하면서 역사 속으로 사라졌다. 하지만 오늘날 재조명된 청계천은 사람들에게 도심 속 쉼과 휴식의 장소를 제공하고 있고 도심의 건물들과 어우러져 쭉 뻗은 연속적이고 광활한 대로의 모습으로 많은 이들을 끌어들이고 있다. 이를 통해 KIS 파빌리온은 기존의 좁고 어두운 DDP의 여백의 공간에 무한히 연속된 반전의 공간을 빛을 통해 입힘으로써 공간에 생명력을 불어넣고 직접 그 공간감을 많은 이들이 체험하도록 하여 서울에서 재조명되어 활성화된 청계천을 보다 적극적으로 느낄수 있는 공간을 제시하고자 한다.

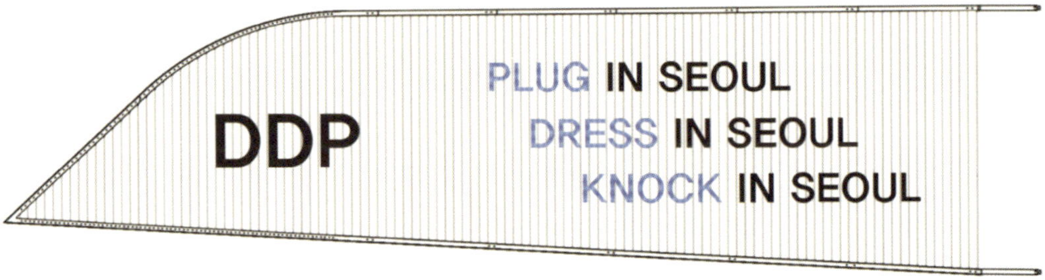
PLUG IN SEOUL
DDP
DRESS IN SEOUL
KNOCK IN SEOUL

DDP

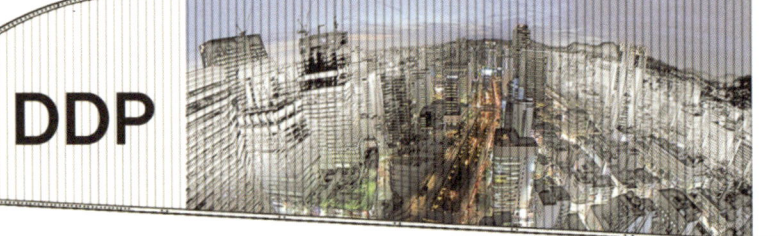

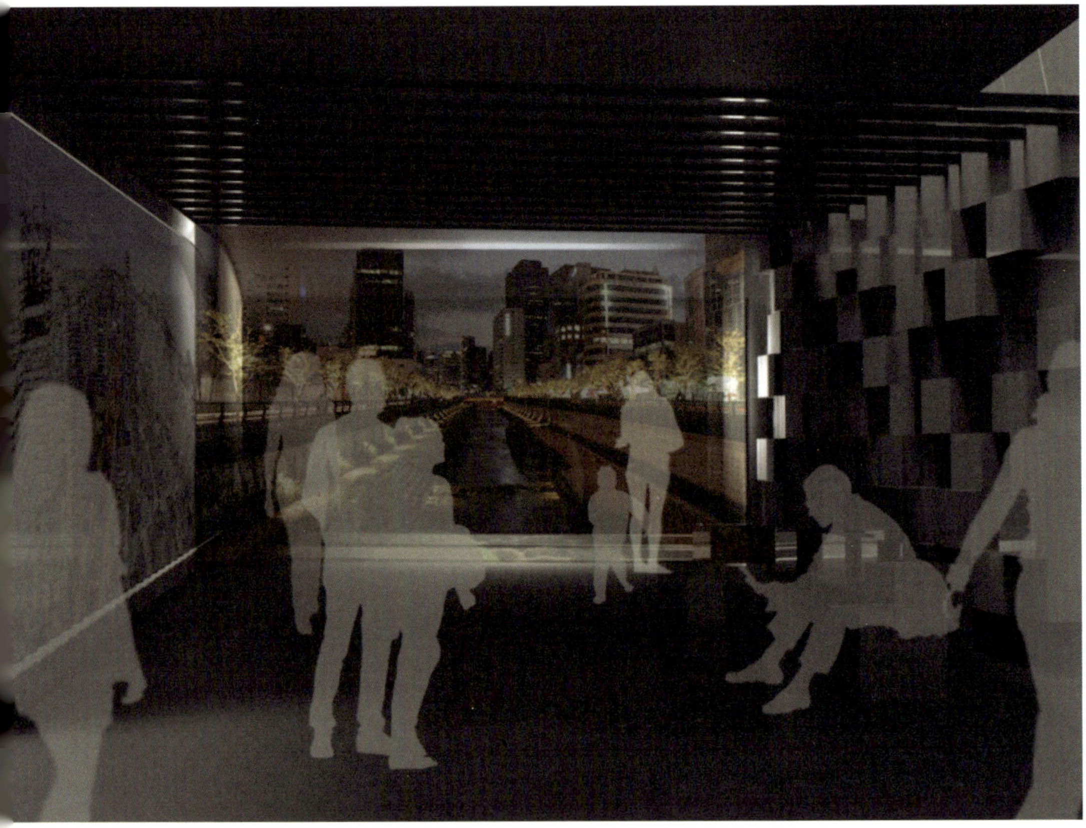

DDP를 가로지르는 큰 길에는 사람들이 많이 지나다니지만 무심코 지나치게 되는 공간이 있다. 발이 닿지 않는 빈 공간은 사람들의 눈길을 끌지 못하지만 무언가를 새롭게 만들거나 구성함으로써 새로운 공간으로 재탄생 될 가능성이 있는 곳이다. 이 공간에 건축적 요소와 빛을 가용하여 무한한 공간으로 재탄생 시켰다. 이 곳에 들어간 사람들은 반전의 공간을 느끼게 되고 청계천의 이어진 모습을 보면서 재조명된 서울을 느낄 수 있다.

버티컬의 한 면에는 청계천의 모습이, 다른 한면에는 주제의 글씨가 쓰여있다. 시민이 직접 두 이미지를 전환 시키는 참여를 통해 파빌리온의 모습이 바뀌어진다. 청계천의 스카이라인을 표현한 벽은 버티컬과 함께 공간을 차단시켜주는 역할을 하고 닫힌 공간에의 무한한 공간감을 극대화시켜준다.

역사속으로 사라져 사람들에게 잊혀진 공간이었던 과거와 달리 오늘날 정돈된 청계천은 도심의 건물들과 어우러져 쭉 뻗은 연속적이고 광활한 대로의 모습으로 많은 이들을 끌어들인다. 이를 통해 기존의 좁고 어두운 DDP의 여백의 공간에 무한히 연속된 반전의 공간을 빛을 통해 표현하여 재조명된 서울의 공간을 적극적으로 체험할 수 있는 공간을 제시한다. 연속된 공간을 표현하기 위해 인피니티미러의 원리를 적용하였다.

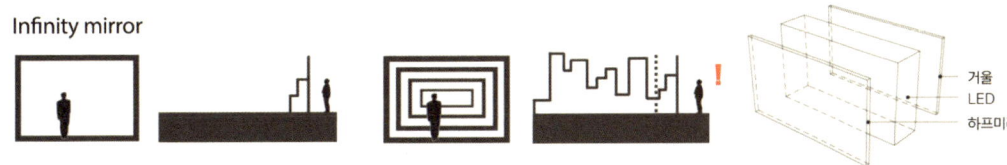

_ UAUS 2015   _ DDP DRESS IN SEOUL

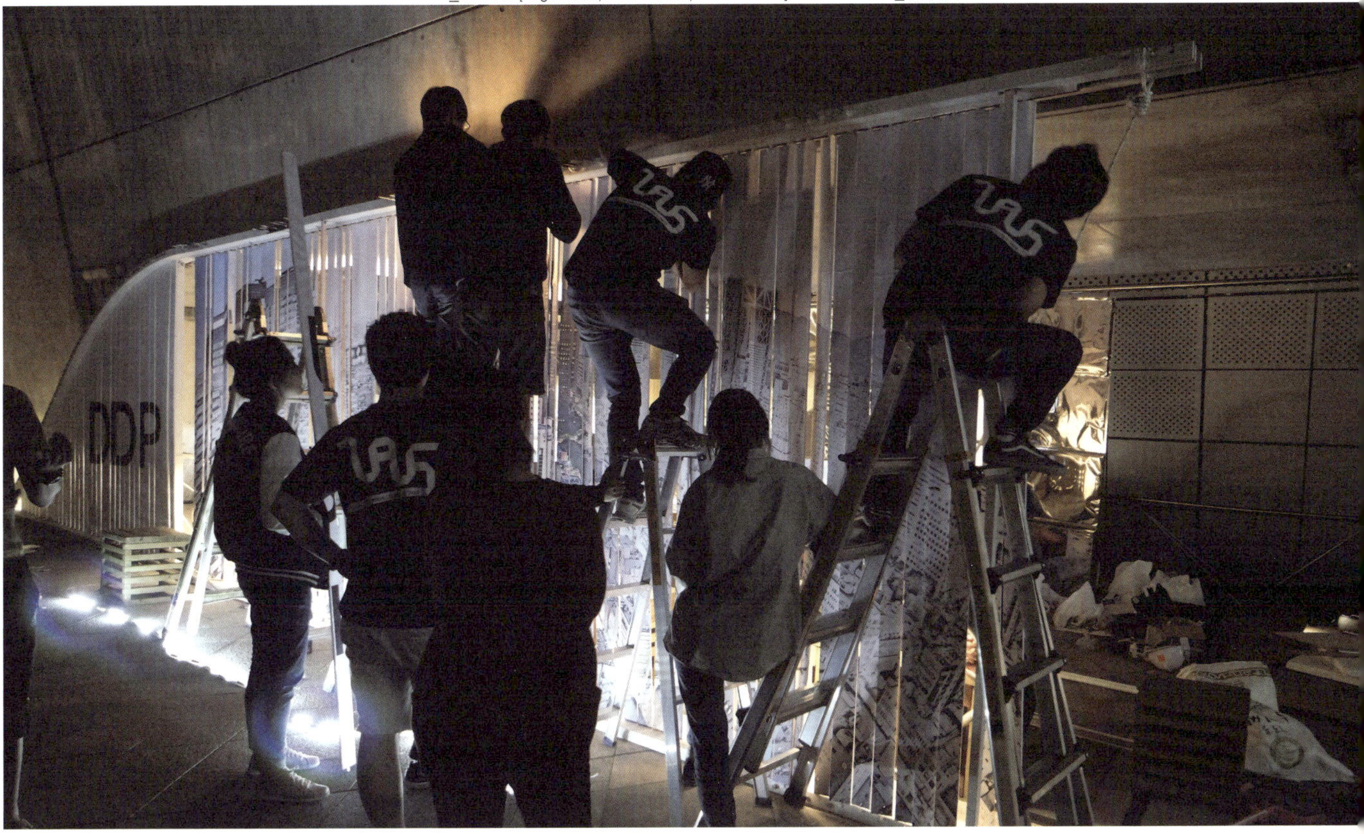
DDP

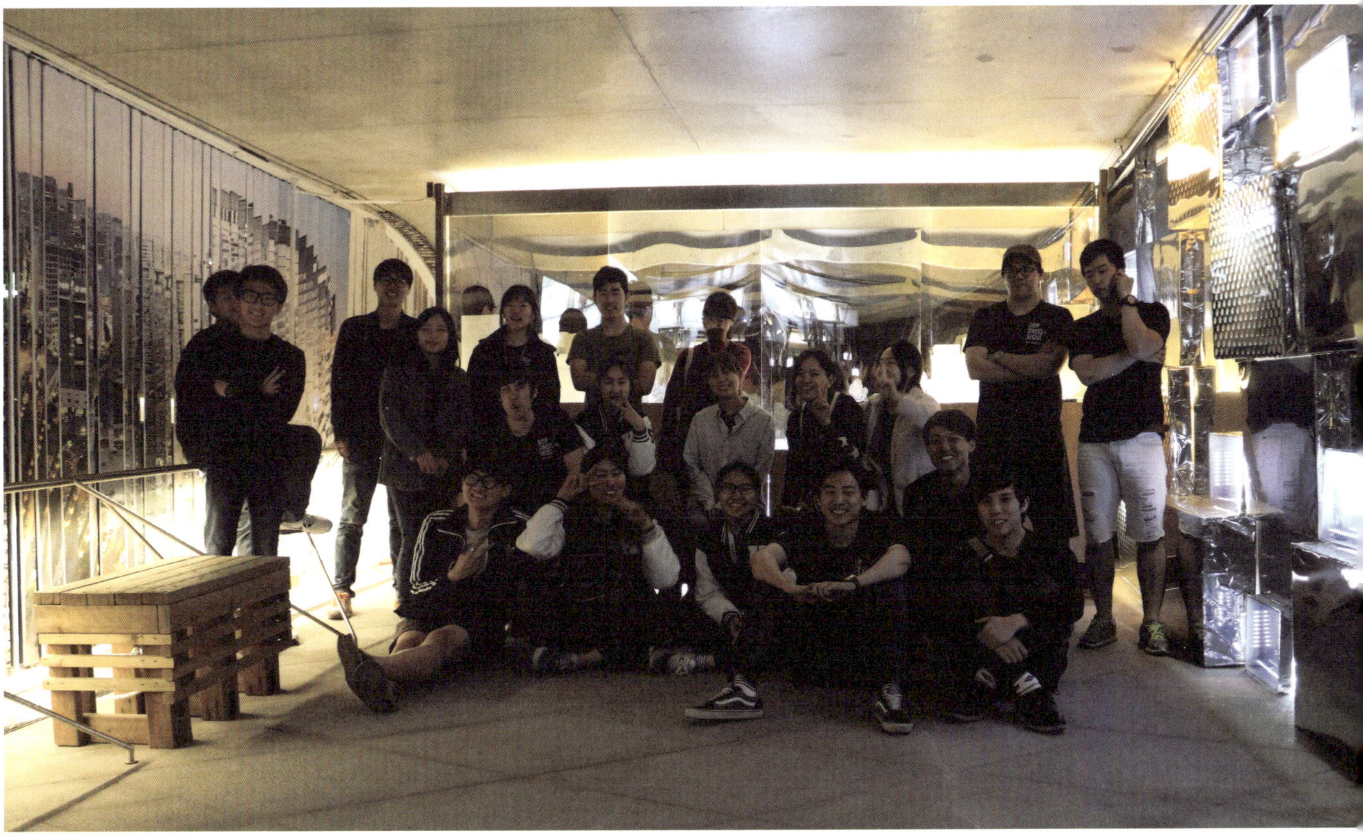

_ UAUS 2015 　　　　　　　_ DDP DRESS IN SEOUL

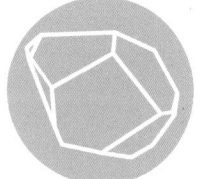

강석오_강승우_김나영_김정윤_김혜준_박서정_박주희_성완_안정익_유대종_유지원_이수연_이주희_이지연_임재신_한철민

CHAOSMOS

경희대학교

_UAUS 2015   _DDP DRESS IN SEOUL

CHAOSMOS

도시는 흔적을 간직하고 있다. 서울 또한 과거부터 현재까지의 레이어가 쌓이면서 흔적을 간직한다. 레이어로 쌓여있는 도시 속에서 사람들은 현재의 레이어에 가려진 과거의 레이어를 보지 못하고 단절되어 살아간다. 그러나 과거 레이어들의 흔적은 여전히 복잡한 도시 곳곳에 남겨져 있다. DDP는 조선시대 성곽과 동대문 운동장의 흔적을 갖고 있다. 보로노이 다이어그램이라는 수학적 개념을 이용하여 모든 레이어에 동일한 영역성을 줌으로써 서울의 역사를 재조명하였다. DDP에서의 레이어를 파빌리온 안에 중첩시켜 우리는 과거와 현재의 레이어를 연결시키고 공존하게 하는 매개체가 되고자 한다. CHAOSMOS는 시각적인 즐거움을 줌과 동시에 긴 전시에 지친 관람객들에게는 그늘 아래 쉼터가 되어준다. 이와 함께 수도 서울에 대해 생각해 볼 여유가 없는 우리들에게 동대문의 역사를 바라볼 기회를 제공하고자 한다. 관람객들이 이 전시를 통해 서울 그리고 나의 흔적을 되돌아 볼 수 있는 기회가 되었으면 한다.

_UAUS 2015　　　　　　　_DDP DRESS IN SEOUL

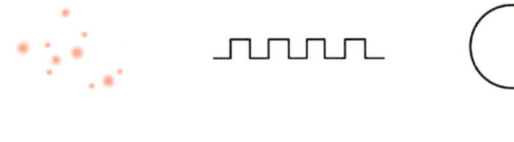

| SPOT | LINE | FACE | VOLUME |

서울의 4대문을 비롯한 역사적인 장소와 현재 랜드마크들의 장소성을 점으로 선정한다. 과거 성곽들의 흔적이 현대의 건축물들에 의해서 드러나지 못하고 있다. 이러한 과거의 흔적을 선으로 재해석한다. 현재 DDP의 사이트인 운동장을 면으로 해석했다. 각각 동일한 영역성을 보여주기 위해 보로노이 원리를 적용하여 볼륨을 형상화함으로써 DDP의 형태를 구현하였다. 파빌리온에서 구 성곽의 흔적과 현대의 DDP를 재해석하여 과거와 현재의 공존을 가능하게 한다.

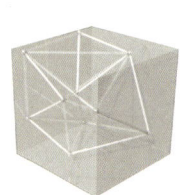

_CHAOSMOS   _경희대학교   _117

by Han Kijoon

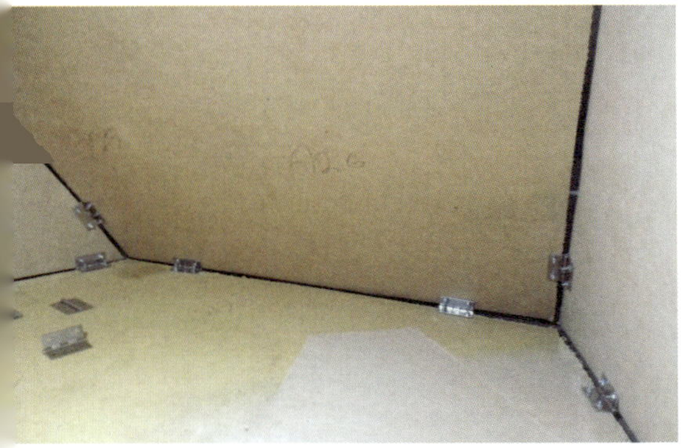

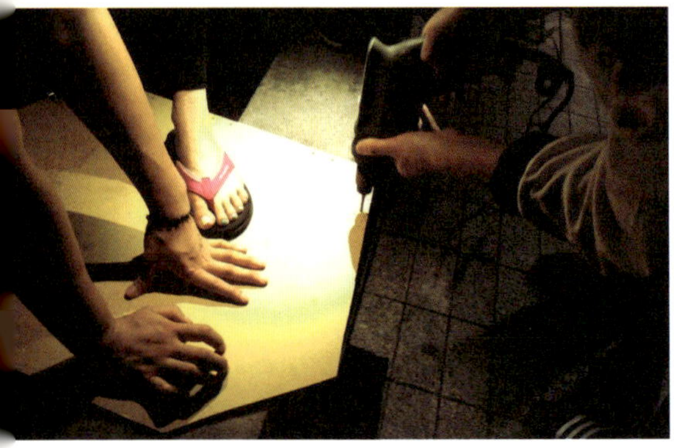

_ UAUS 2015   _ DDP DRESS IN SEOUL

_UAUS 2015　　　　　　　　　_DDP DRESS IN SEOUL

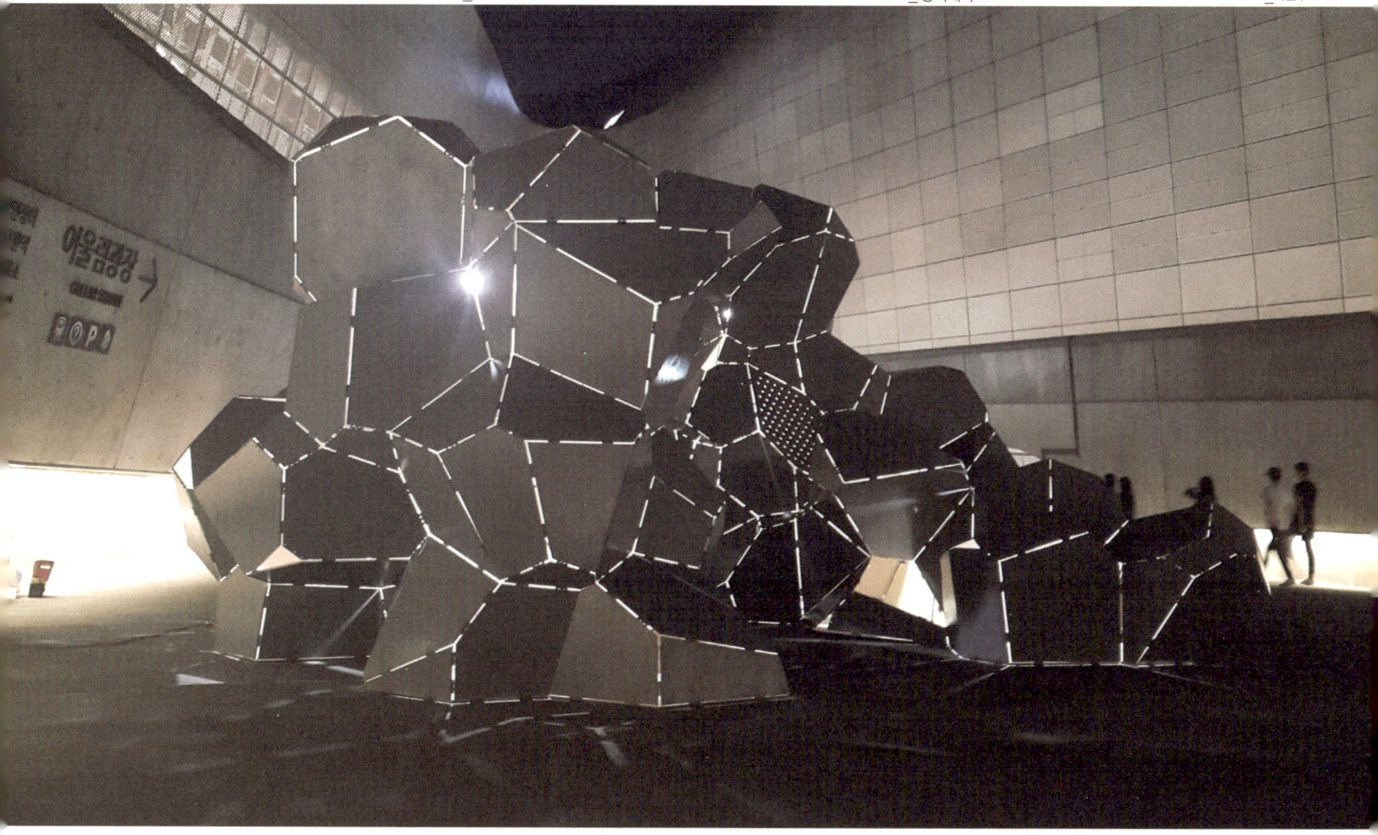
어울림광장

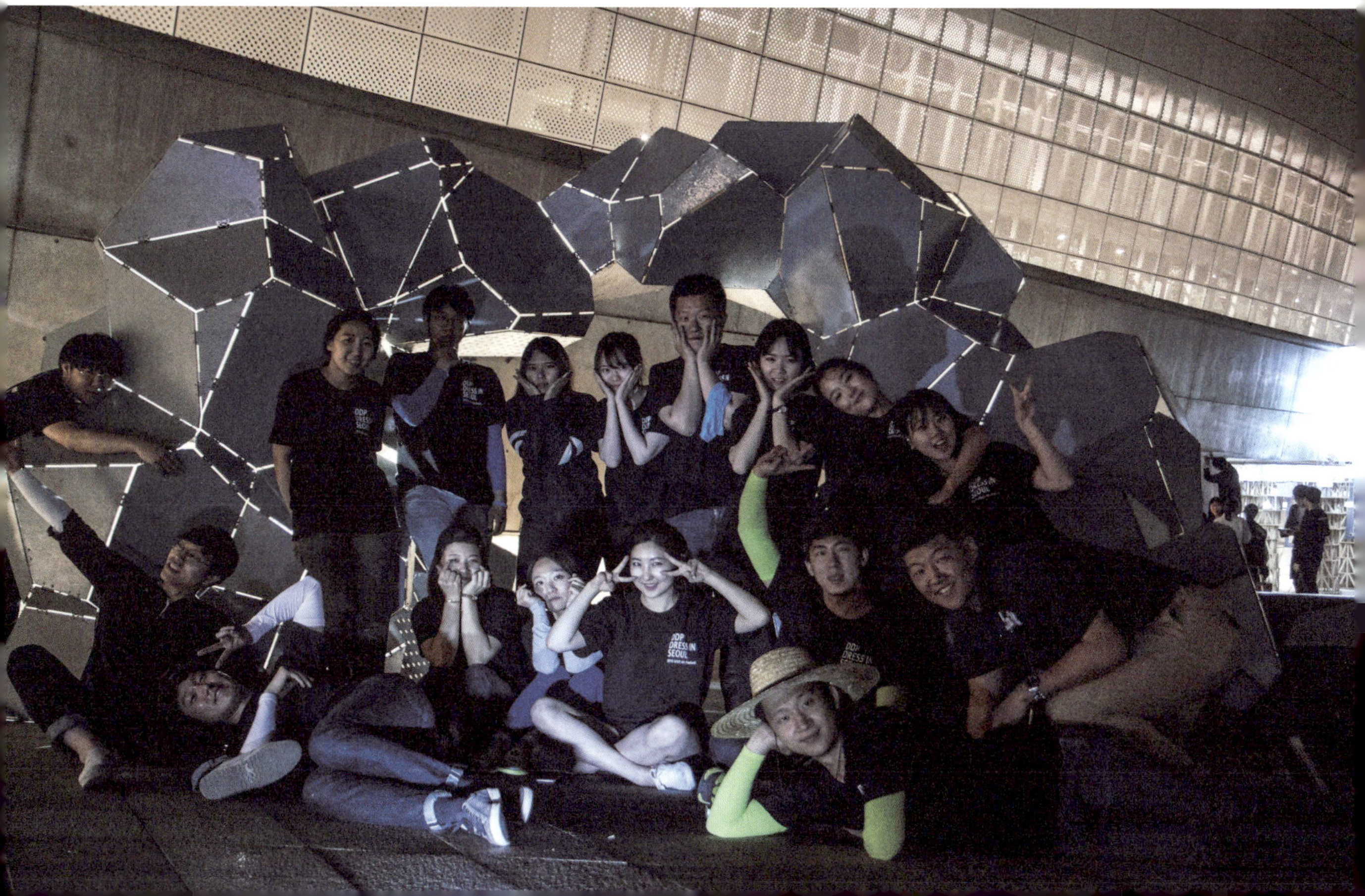

_ UAUS 2015   _ DDP DRESS IN SEOUL

김영주_김지연_김연경_문신영_최해리_이다연_이민영_한가람_민예원_신성희_이지원_조현수_김수정

_서울을 벗기다　　_이화여자대학교

이화여자대학교
서울을 벗기다

_UAUS 2015 _DDP DRESS IN SEOUL

_ UAUS 2015   _ DDP DRESS IN SEOUL

" 서울을 한꺼풀 벗겨내면..."

우리의 눈에 비치는 서울은 커다란 물줄기의 한강과 빼곡하게 들어차 있는 빌딩숲의 이미지로 인식되고는 한다. 그러나 우리가 하루하루를 살아가는 거대 도시 서울을 덮고 있는 콘크리트와 유리창을 벗겨내면, 그 속에는 물이라는 요소가 상하수도 파이프와 건물 배관을 타고 서울 곳곳을 흐르고 있다. 서울 속 숨겨진, 그러나 서울의 구석구석, 가장 높은 빌딩 끝부터 달동네까지 흐르며 도시에 생명력을 불어넣는 Water Infrastructure는 곧 서울의 정체성이 된다.

_UAUS 2015   _DDP DRESS IN SEOUL

 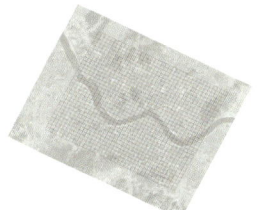  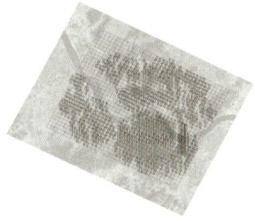

Characteristic Places in Seoul   Basic Water Grid   Vertical Pipe Line   Height Variation of Each Places

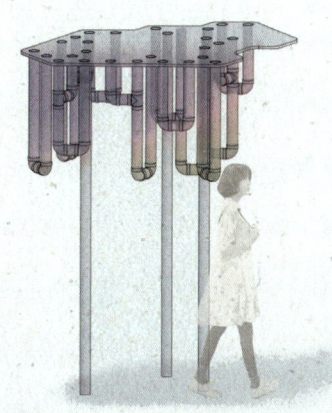

A. 면으로서의 그늘 요소가 아닌 파이프들로 입체적인 그늘을 만들어주어 관람객의 흥미를 끌면서 동시에 햇빛을 잠시 피할 수 있는 장소를 제공한다.

B. 색색의 파이프들로 만들어진 그늘 아래 잠시 쉬었다 갈 수 있는 벤치를 구성해 건조하게 지나치는 길 위에서 잠깐의 휴식을 취할 수 있도록 한다.

C. 디디피의 유기적인 벽의 흐름에 플러그인 된 파이프를 타고 흐르는 시원한 물줄기는 초여름, 달궈진 콘크리트 벽을 걷는 사람들의 주의를 환기시키며 벽천을 따라 걷게 한다.

_ UAUS 2015   _ DDP DRESS IN SEOUL

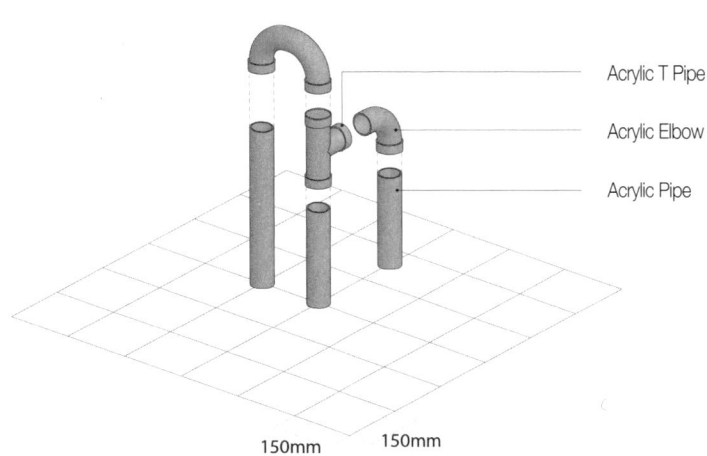

- Acrylic T Pipe
- Acrylic Elbow
- Acrylic Pipe

150mm   150mm

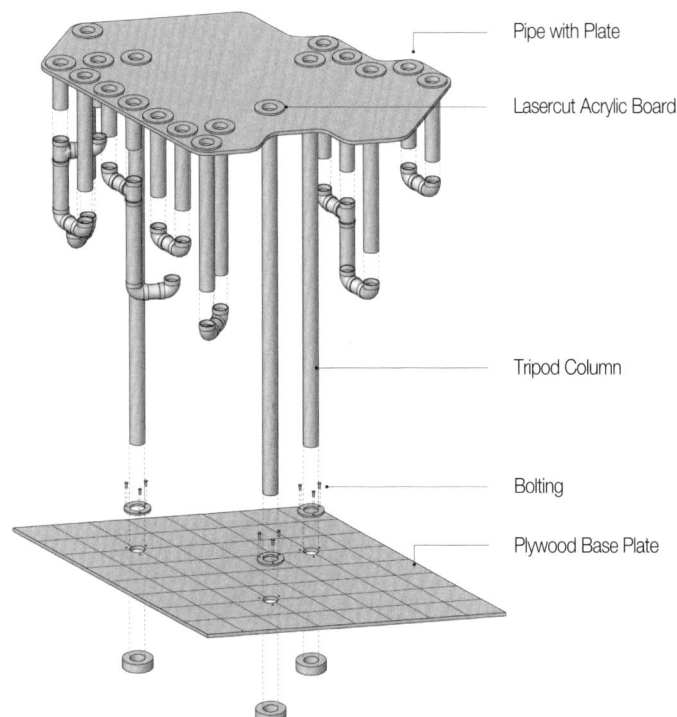

- Pipe with Plate
- Lasercut Acrylic Board
- Tripod Column
- Bolting
- Plywood Base Plate

_UAUS 2015 _DDP DRESS IN SEOUL

박신영_강승일_김영현_나규태_민병문_조민규_김도겸_박주연_문주희_박성언_박영주_황아현_이도희_박예지_이석인_송진수

서울시립대학교
서울, 지하철, 붐빔

_서울, 지하철, 붐빔   _서울시립대학교

_UAUS 2015   _DDP DRESS IN SEOUL

PushPushBaby

서울에서 지하철은 가장 편리하면서도 많이 이용되는 교통수단 중 하나이다. 출퇴근 시간 서울의 지하철. 수많은 사람들이 지하철에 몸을 싣는다. 숨 쉴틈 없는 지옥철 속의 경험은 서울의 밀도 그 자체의 경험으로 이어진다. 지옥철의 붐빔, 낑김. 그 밀도의 경험은 불쾌하면서도 피할 수 없다. 지하철이라는 좁은 공간에 계속해서 사람들이 타고 타고 또 탄다면 서로가 느끼는 압력과 밀리는 정도는 증가되고 불쾌함을 느낀다. 그 모든 사람들은 불쾌함을 느끼는 동시에 서울을 느끼는 것이다. 우리는 이러한 불쾌한 경험을 재밌는 놀이, 경험으로 재해석한다. 여기, 놀이공간이 부족한 DDP에 참여와 체험을 통해 '일상 속의 지하철'을 새롭게 해석하고, '놀이' 라는 주제를 적용함으로서 새로운 공간이 만들어졌다. PPB, PushPushBaby는 새로운 해석을 통해 단순히 보는게 아닌 누구나 일상의 경험을 다시 한번 새롭게 체험할 수 있는 디자인을 도입하고자 한다.

자, 이제 같이 밀고, 밀리고, 움직이는 체험을 해보자!

_UAUS 2015 _DDP DRESS IN SEOUL

 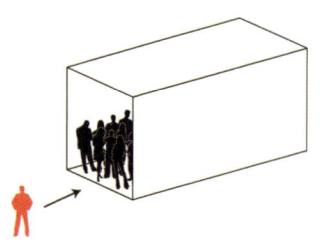 

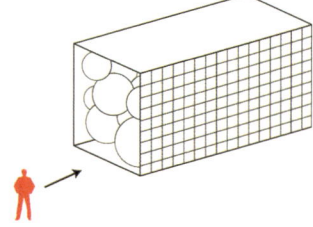 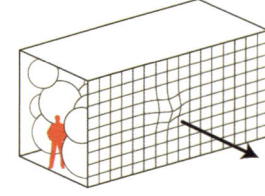 

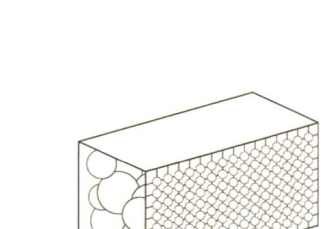 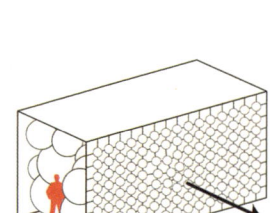 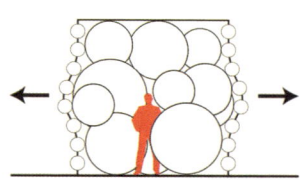

 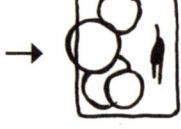   

지하철 : 불쾌한경험　　DDP : 놀이적 경험　　비집고 들어간다　　만진다　　움직인다

_서울, 지하철, 붐빔   _서울시립대학교

_UAUS 2015 _DDP DRESS IN SEOUL

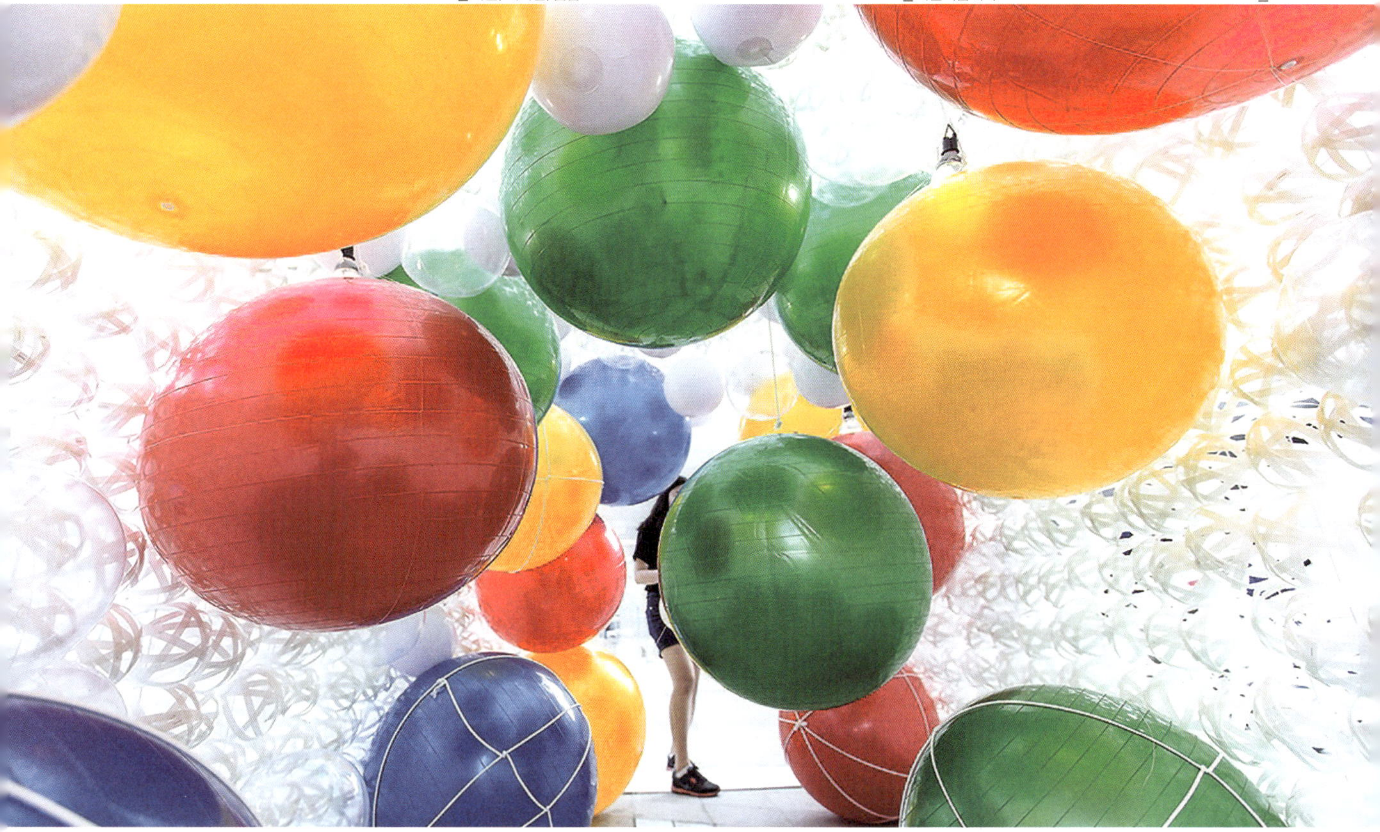

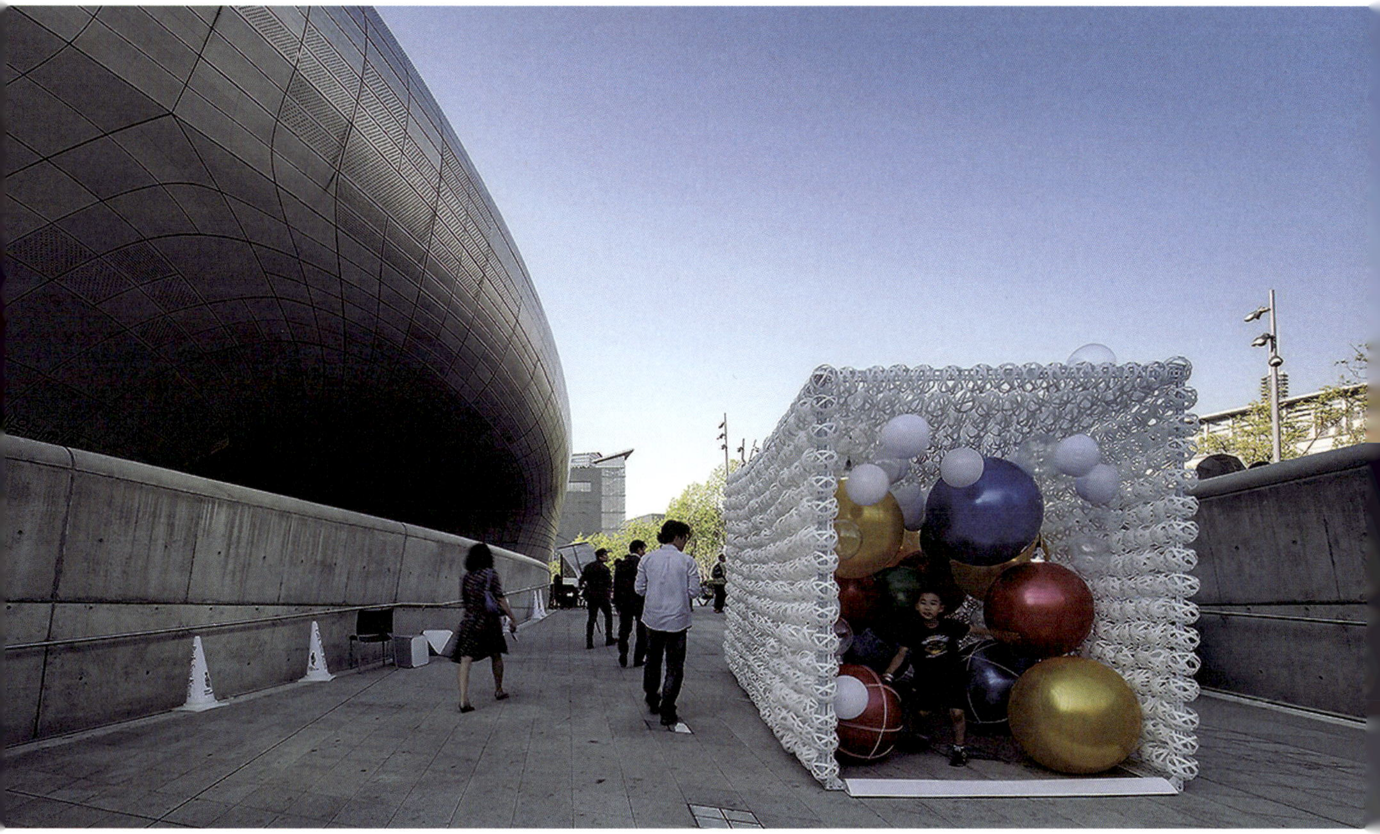

_UAUS 2015 _DDP DRESS IN SEOUL

서울, 지하철, 쿨린   _서울시립대학교_   _145

_UAUS 2015   _ DDP DRESS IN SEOUL

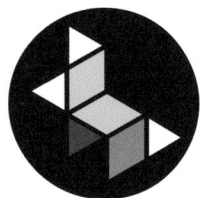

정유라_이다현_강대한_강령인_강소미_강인정_곽동환_김종호_김필준_방성민_서유진_손태욱_송영대_이승은_이예원_최현규

서울과학기술대학교

Chair me,
Share me

_UAUS 2015   _DDP DRESS IN SEOUL

_UAUS 2015   _DDP DRESS IN SEOUL

Chair me, Share me

서울 속 대학생들은 자신이 살던 곳을 벗어나 또다른 자신만의 공간을 꾸리며 대학 생활을 하곤한다. 대학가 주변 활기 넘치는 그들의 주거 공간은 서울을 더욱 뜨겁고 젊음이 넘치는 삶의 영역을 만든다. 그들이 갖는 자신만의 공간, 또 그 공간이 모여 형성하는 집단의 영향력은 그 주위를 변화시키고 다양하게 한다. 이러한 서울 속 대학생들의 삶의 모습을 파빌리온에 담고자 하였고, 개인이 가질 수 있는 공간을 의자로 표현하였다. 의자는 하나의 모듈이 되어 개인의 공간을 표현하고 하나의 의자는 사용자의 의지에 따라 이동할 수도, 변화할 수 있다. 여러개가 모였을 땐 다양한 형태로 결합될 수 있다. 디디피를 찾는 시민들이 의자 모듈을 이용함에따라 파빌리온은 커지기도 하고 작아지기도 하며 시시각각 다른 모습을 보인다. 사람들이 사용하려고 가져간 각각의 모듈은 디디피 전역이 흩어져 사람들의 자취로 남는다. 파빌리온은 사용에 따라 개인의 공간이 되기도 하고 열린 축제의 공간에 생기를 불어넣을 수 있다.

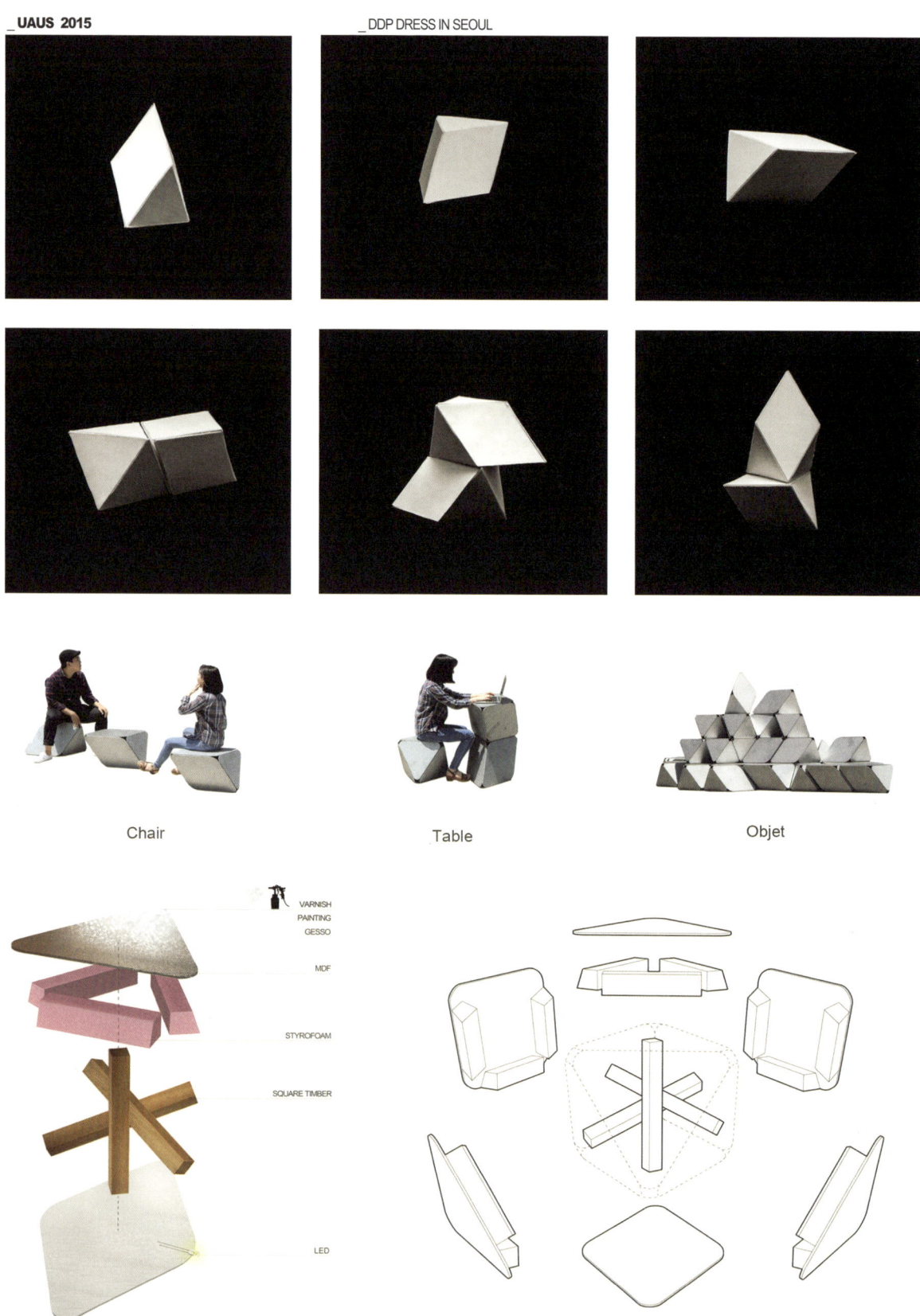

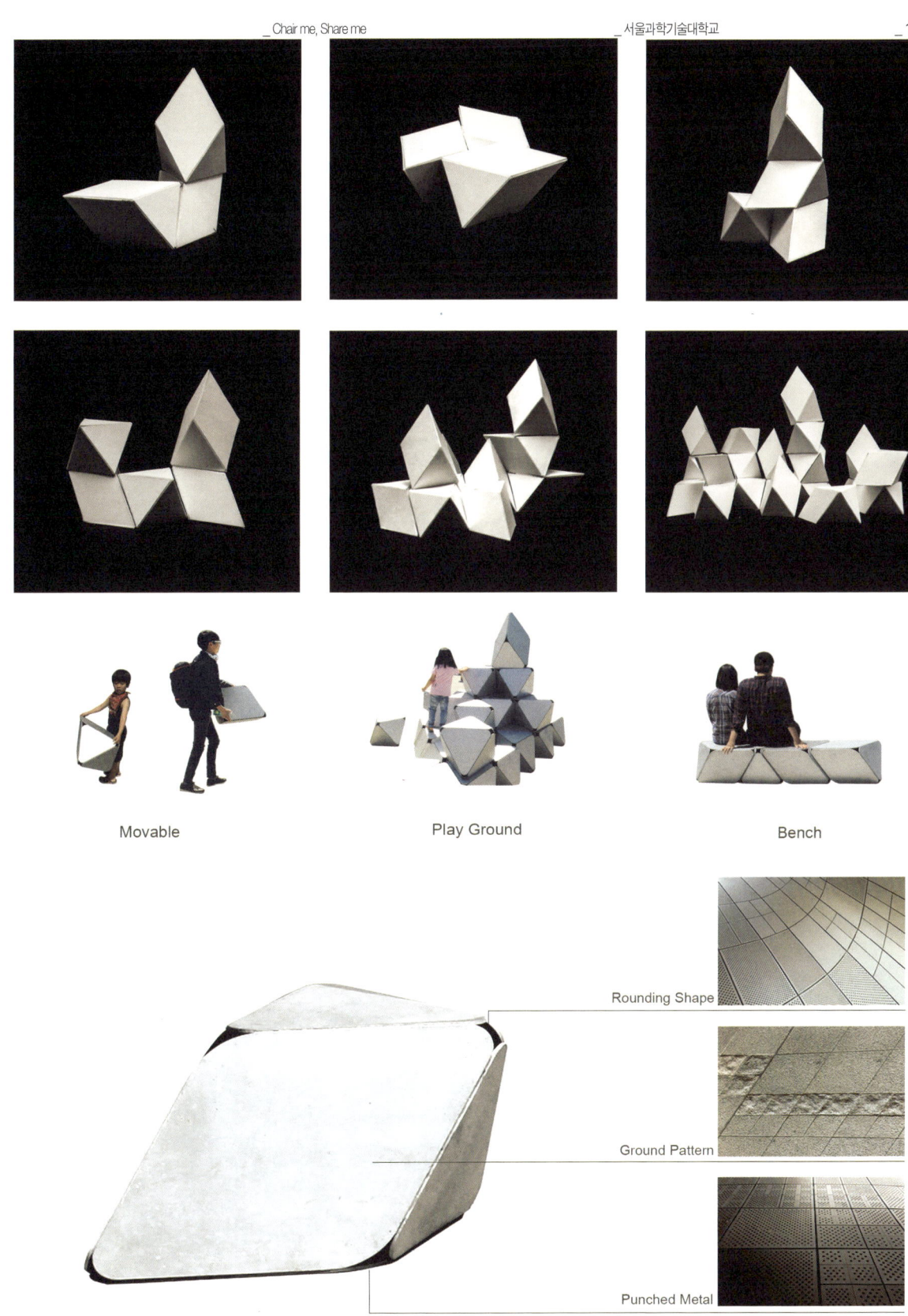

_UAUS 2015   _DDP DRESS IN SEOUL

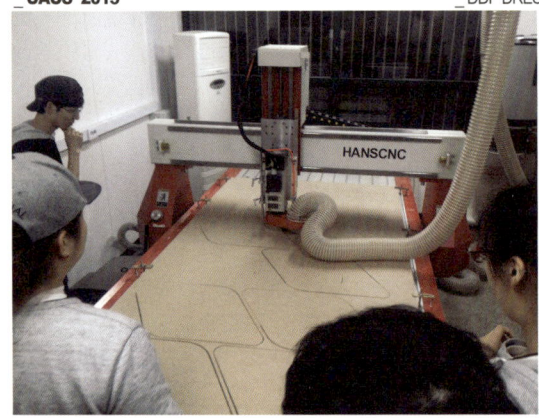

_ Chair me, Share me 　　　　　_ 서울과학기술대학교　　　　　_ 155

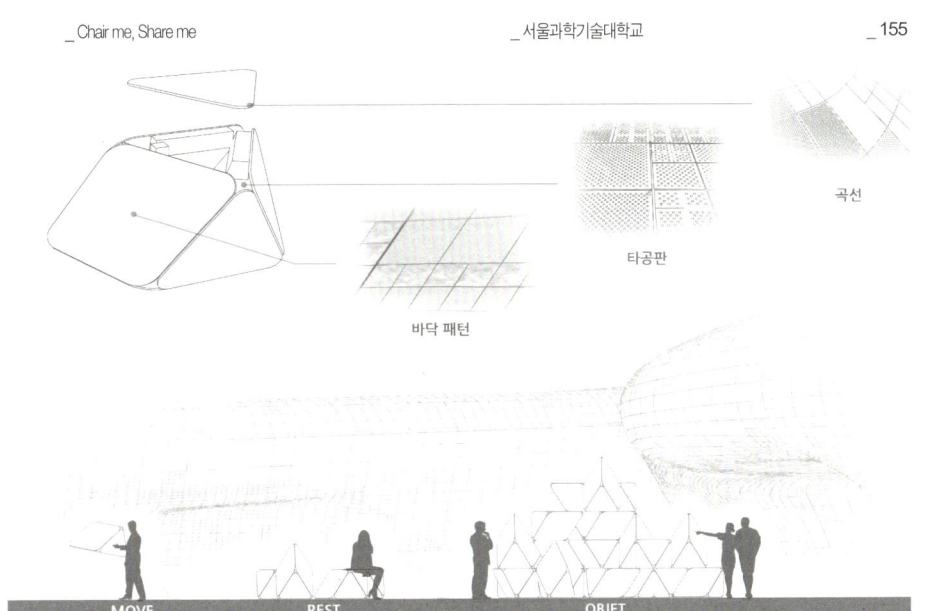

바닥 패턴　　　타공판　　　곡선

MOVE　　　REST　　　OBJET

_UAUS 2015   _DDP DRESS IN SEOUL

_ Chair me, Share me _ 서울과학기술대학교

_UAUS 2015   _DDP DRESS IN SEOUL

김혜정_박태서_유승기_최원상_김현규_김진관_빈승율_채주병_박민규_이재성_정재성_김재인_김나현_최기열_윤요한_권한얼

MAZE; hazed gaze
중앙대학교

_UAUS 2015 _DDP DRESS IN SEOUL

MAZE; hazed gaze

지하철은 서울을 인지하는 주요 요소다. 우리가 도시에서 이동할 때, 빌딩에서 엘레베이터를 타고 10층 버튼을 눌러 이동하듯이, 지하철을 타고 목적지에서 내린다. 1층과 10층 사이, 역과 역 사이는 우리가 도시를 인식하는 데 있어 무의미한 공간으로 남는다. 지하철 안에서의 역과 역 사이의 컴컴한 바깥 풍경은 우리의 관념 속 서울의 빈 지점과 같다. 순간이동을 하는듯한 지하철은, 도시 공간 파악을 어렵게 한다. 우리가 서울이라는 공간을 인지하는 방식을 파빌리온이라는 공간을 통해 재인식하게 하고자 한다.

서울(도시) - 지하철(인지체계) - 공간화(파빌리온)

_UAUS 2015   _DDP DRESS IN SEOUL

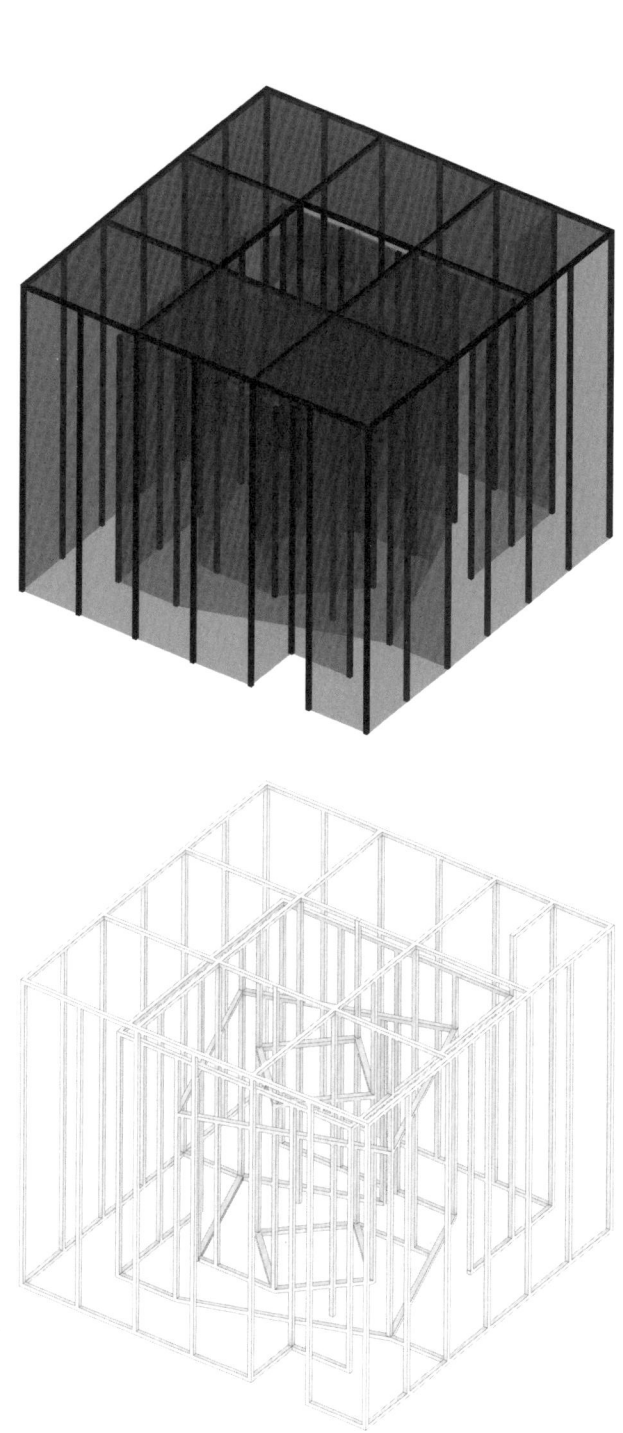

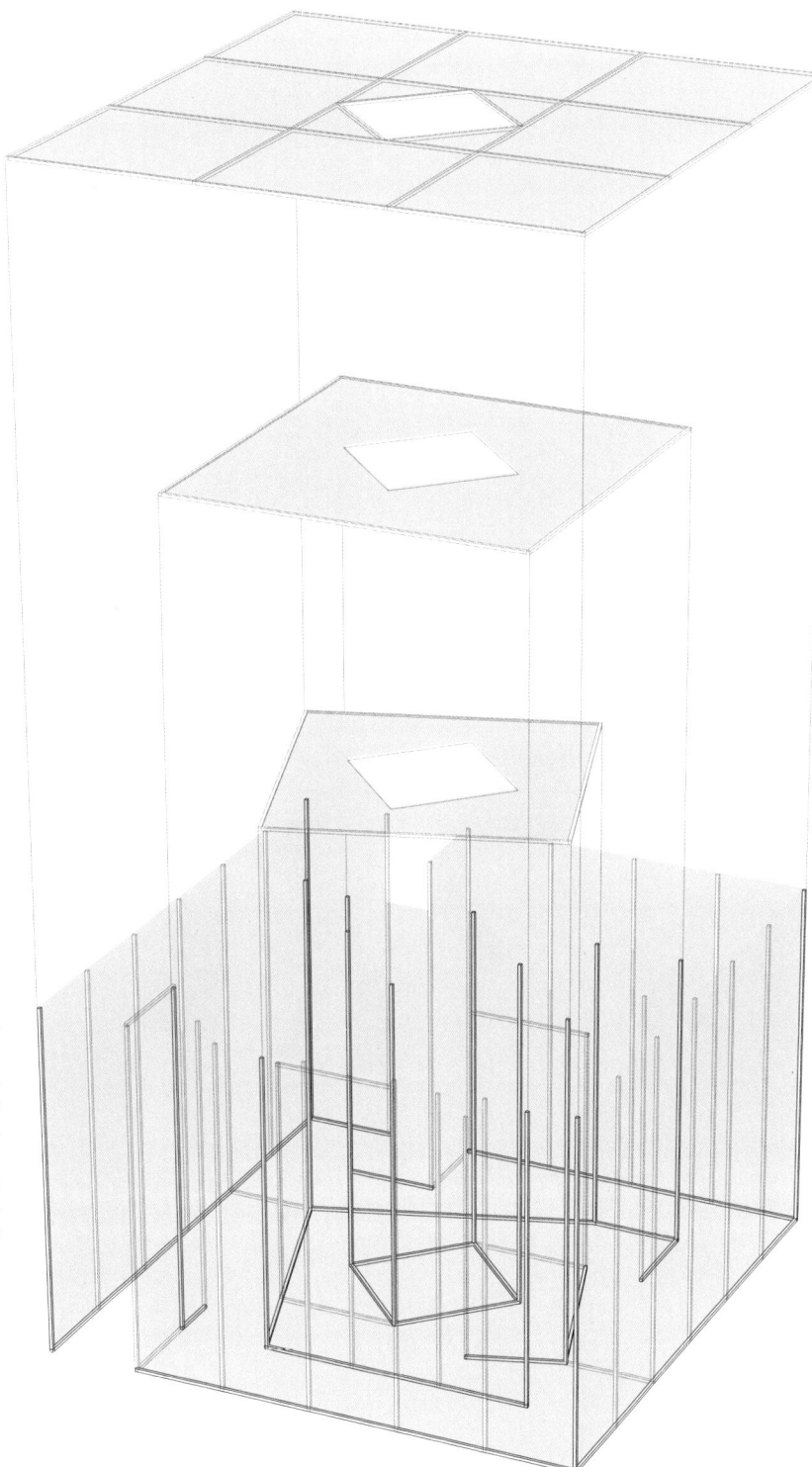

미로는 4개의 레이어로 구성된다.

모든 레이어에는 면도비를 씌운다.
천과 천은 재봉으로 연결,
구조와는 77로 접착한다.

철제 프레임
40×40 - 각파이프
높이 - 3000, 2550, 2100mm
전체 용접 시공 - layer 분리 용접

_UAUS 2015   _DDP DRESS IN SEOUL

_UAUS 2015 _DDP DRESS IN SEOUL

_UAUS 2015 　　　　　_DDP DRESS IN SEOUL

신문호_오세인_오진영_서상록_김태완_서상건_유영민_조한울_황유경_곽현선_박성진_도예진_강종인_김찬진_이규희

창신동 DDP를 엮다

인하대학교

_ UAUS 2015   _ DDP DRESS IN SEOUL

MAZE; hazed gaze

지하철은 서울을 인지하는 주요 요소다. 우리가 도시에서 이동할 때, 빌딩에서 엘레베이터를 타고 10층 버튼을 눌러 이동하듯이, 지하철을 타고 목적지에서 내린다. 1층과 10층 사이, 역과 역 사이는 우리가 도시를 인식하는 데 있어 무의미한 공간으로 남는다. 지하철 안에서의 역과 역 사이의 컴컴한 바깥 풍경은 우리의 관념 속 서울의 빈 지점과 같다. 순간이동을 하는듯한 지하철은, 도시 공간 파악을 어렵게 한다. 우리가 서울이라는 공간을 인지하는 방식을 파빌리온이라는 공간을 통해 재인식하게 하고자 한다.

서울(도시) - 지하철(인지체계) - 공간화(파빌리온)

_UAUS 2015   _DDP DRESS IN SEOUL

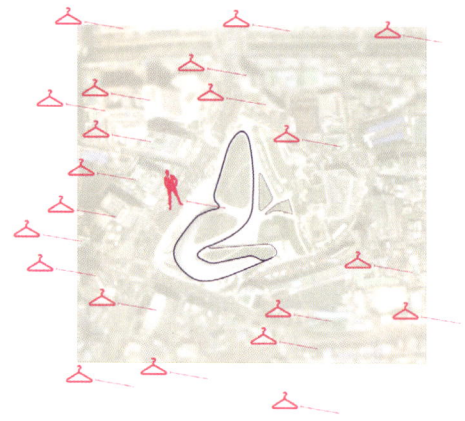

_ of dongdaemun

_ of changshin dong

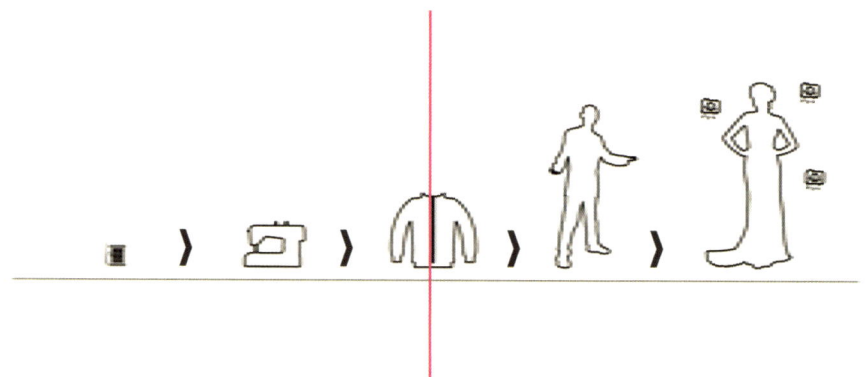

_ of Changshin dong   _ of dongdaemun

weaving

Fabric structure of clothing

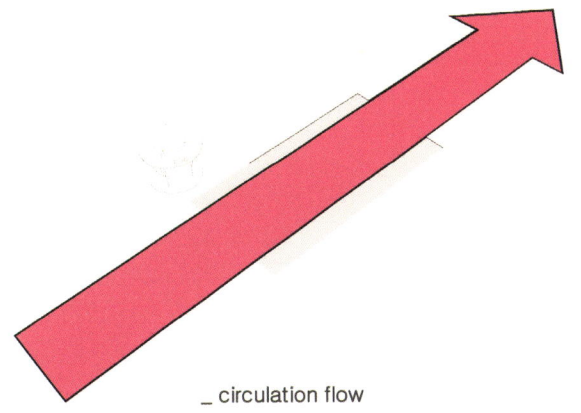
_ circulation flow

_ grid setting

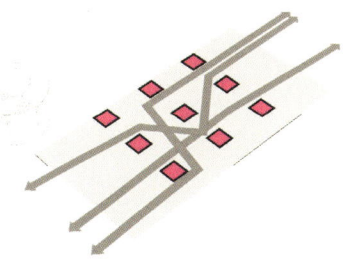
_ various circulations

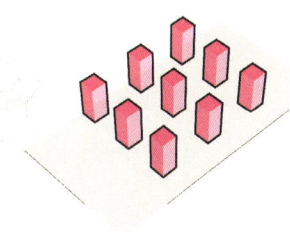
_ folly settings

_ diverse heights

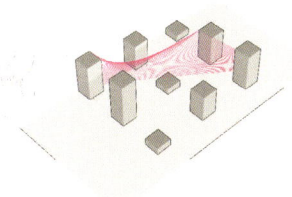
_ final weaving

_창신동 DDP를 엮다   _인하대학교

_UAUS 2015   _DDP DRESS IN SEOUL

_UAUS 2015   _DDP DRESS IN SEOUL

강인준_이태섭_구본석_정환웅_현동영_최지연_김동하_이백범_오진우_설현지_권수진_곽혜빈_전혜정_권다은_김지연_이정인

동국대학교
DDP를 엮다

_UAUS 2015 _DDP DRESS IN SEOUL

_UAUS 2015   _DDP DRESS IN SEOUL

충무로 인쇄골목, 휴식을 인쇄하다

우리는 지나쳐버리는 서울의 역사적 공간, 충무로 인쇄 골목을 담아 알리고싶다. 오랜 시간 이어져온 인쇄 골목은 막혔다가 트이고, 움츠러들었다가 펼쳐지며, 인쇄소들과 엮여있다. 충무로 인쇄골목을 하나의 부드러운 선으로 표현해, 디디피에 엮고, 벤치의 기능과 이미지를 강화시킨다. 이곳에서의 사람들의 쉼의 경험(온도)이 파빌리온에 색과 글을 인쇄하게된다. 이러한 경험들은 쌓여가며, 사람들에게 디디피의 쉼과 인쇄 골목의 기억을 심어 줄 것이다.

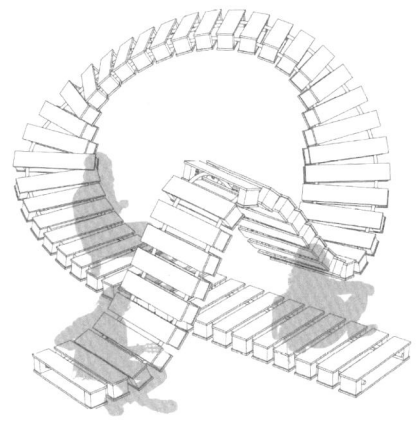

_UAUS 2015 _DDP DRESS IN SEOUL

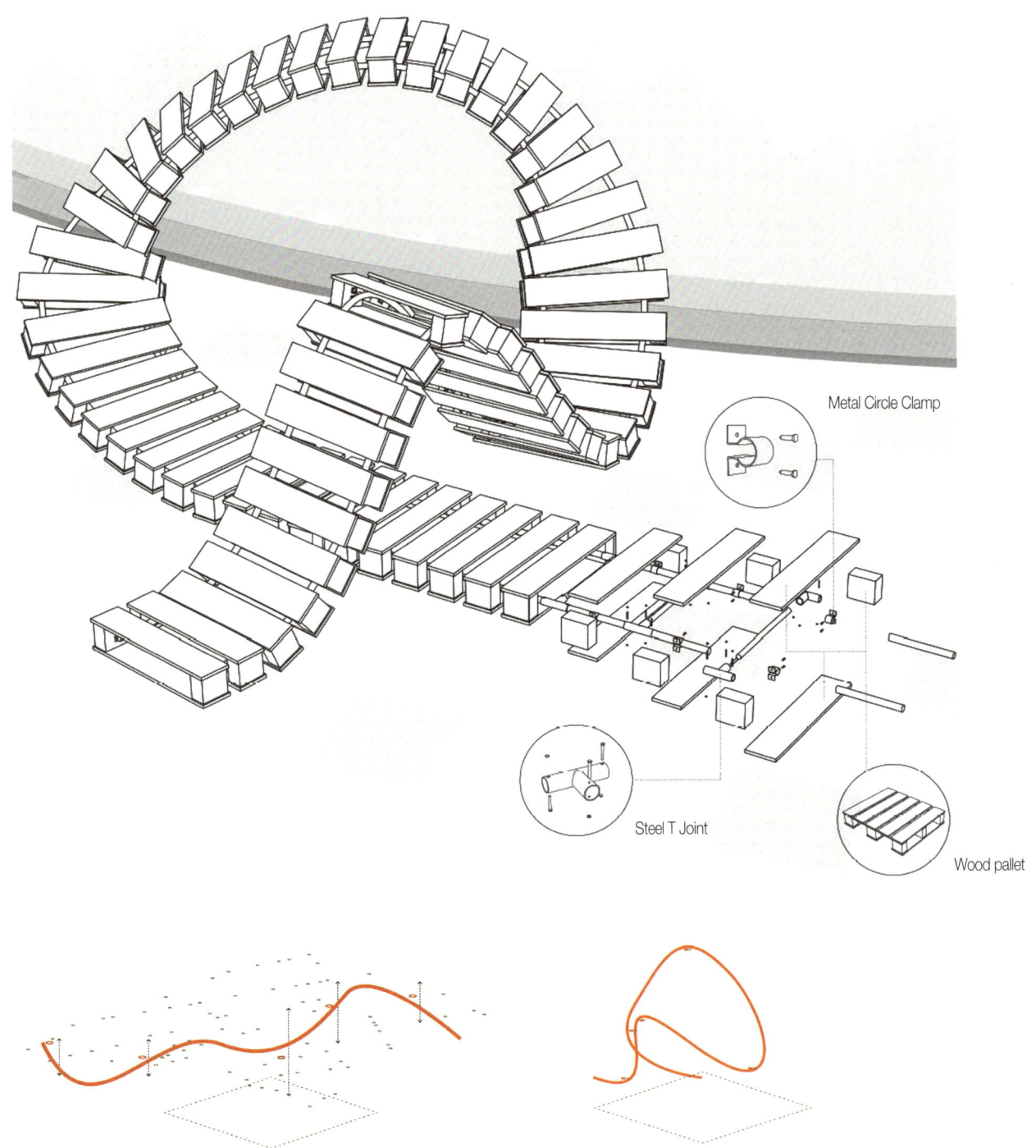

충무로 가로의 교차되는 점을 찾고 점들의 높낮이를 변경해 하나의 선으로 잇는다.

Design Process

골목은 이곳의 모습을 담고있다. 오랜시간 이어져온 충무로의 골목은
막혔다가 트이고, 움츠러들었다가 펼쳐지며, 인쇄소들과 엮여있다.
이곳의 골목을 하나의 선으로 표현해 디디피에 엮어,
서로에게 새로운 흐름을 만들고싶다.

Program

충무로의 골목은 하나의 부드러운 선이 되며,
디디피의 벤치와 플러그인 되고, 벤치의 기능과 이미지를 강화시킨다.
파빌리온은 충무로에서 버려지는 나무 파레트로 만들어진다.
그 면에 사온 도료를 입히고, 사람들의 쉼의 경험(온도)이 파빌리온에
색과 글을 인쇄하게 된다. 이러한 과정을 통해
충무로 인쇄골목의 인쇄를 경험하게된다.

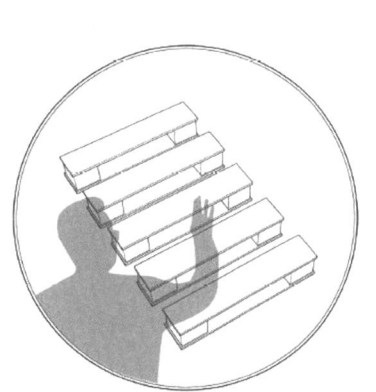

시온도료는 사람의 온도에 따라서 색이 변화한다.
그리고 그 색의 변화로 글이 나타난다.

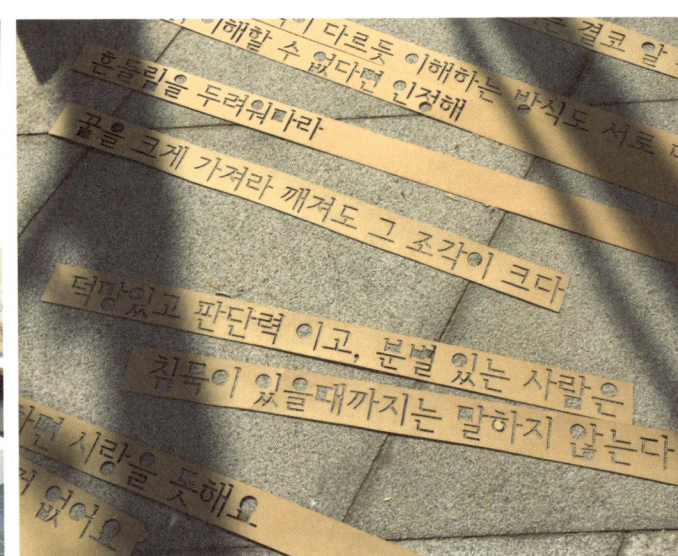

_UAUS 2015   _DDP DRESS IN SEOUL

_UAUS 2015   _DDP DRESS IN SEOUL

김중섭_양찬우_이진우_김도윤_김성수_김태형_김유동_채영은_신태환_이승연_손은정_안세은_최동혁_김희웅_김규헌

TRANSFER_지하철 속 우리의 무관심

명지대학교

_ UAUS 2015 _ DDP DRESS IN SEOUL

Transfer 지하철 속의 무관심

현재 대두되고 있는 사회적 문제와 환경은 하루가 멀다하고 바쁘고 각박한 삶을 우리에게 요구한다.
바쁜 사회를 살아가는 이 시점, 자신의 모습을 돌아볼 수 있는 여유를 선물하고, 돌아보며 재발견할 수 있는
행위를 파빌리온을 통해 유도하고자 한다. 파빌리온은 현대 수 많은 사회인들이 이용하는 지하철의 컨셉을
가져와 형상화 하였으며, 사람을 표현한 기둥과 빛과 다양한 각도에서 보이는 파빌리온의 형상은 그들의 모습을
되돌아 볼 수 있게하며, 서울 고유의 아름다움을 표현한다.

_UAUS 2015   _DDP DRESS IN SEOUL

CONCEPT

현대 많은 사람들은 지하철이란 수단을 이용하며, 이용객 각 개개인은 하나의 개체이며, 인생이란 드라마의 주인공이다. 많은 사람들이 이용하는 지하철은 우리 일상에 중요한 이동수단인 동시에, 자연스럽게 우리들의 삶이 스며들어 있는 매개체이다. 그것은 곧 자신의 삶을 사는 다양한 사람들의 모여 ,서로의 삶은 은연히 공유하며, 위안한다. 이러한 지하철을 개념으로 잡아 사람을 형상화한 축의 기둥을 잡고, 반사되어 보이는 자신의 모습의 빛과 형체를 통해 하나의 파빌리온을 구축하려고 한다.

우리는 직장인들, 학생들, 더 나아가 지하철을 타는 모든 사람들에게 각박한 삶 속에서 진정한 자신을 돌아보는 여유를 선물하고 자기 자신은 특별한 존재라는 사실을 느끼고 그 속에 숨겨져있는 모습을 재발견하게 하고자 했다.

SITE ANALYSIS

동대문 역사 문화 공원 내에 위치하고 있는 사이트는 삼거리라는 특성을 가지고 있지만 세 그루의 나무들을 피해 사람들의 동선이 형성되고 있다. 지하철에서도 마찬가지로 삼거리에서도 우리가 무심히 지나치고 있는 공간의 재인식 즉, 환기 (TRANSFER)가 일어날 수 사이트를 PLUG -IN 하여 환승의 공간을 표현함으로써 무심히 지나칠 수 있는 일상을 발견하도록 유도하였다.

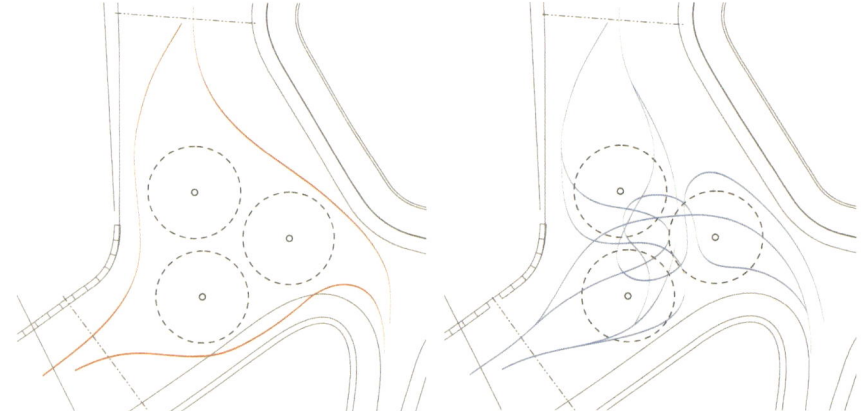

DISIGN PROCESS

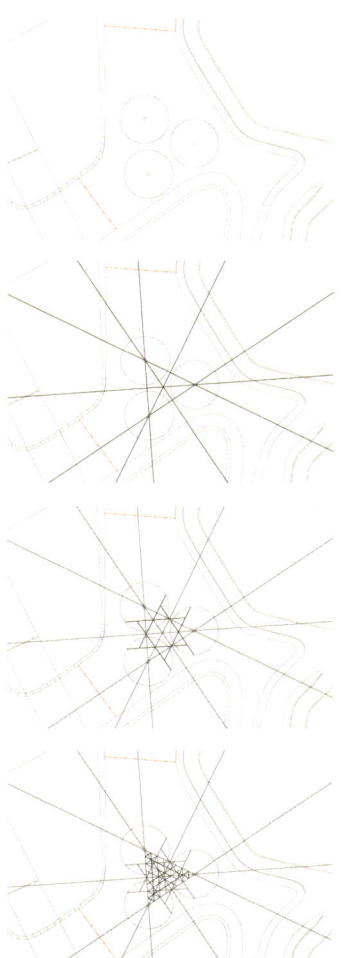
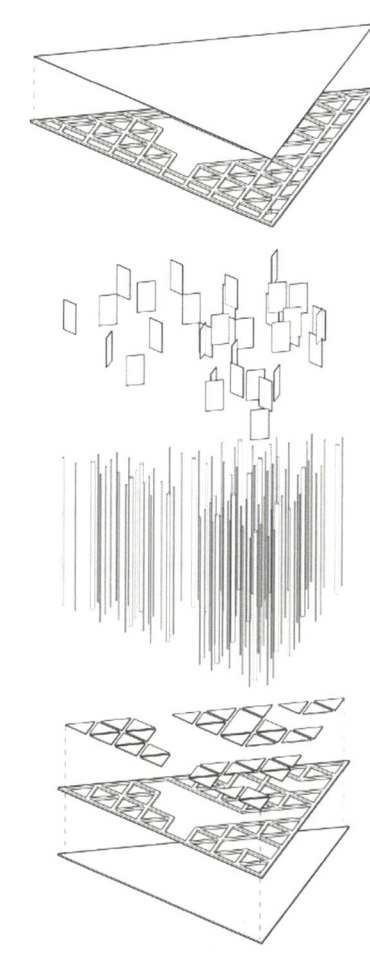

_UAUS 2015 _DDP DRESS IN SEOUL

_UAUS 2015   _ DDP DRESS IN SEOUL

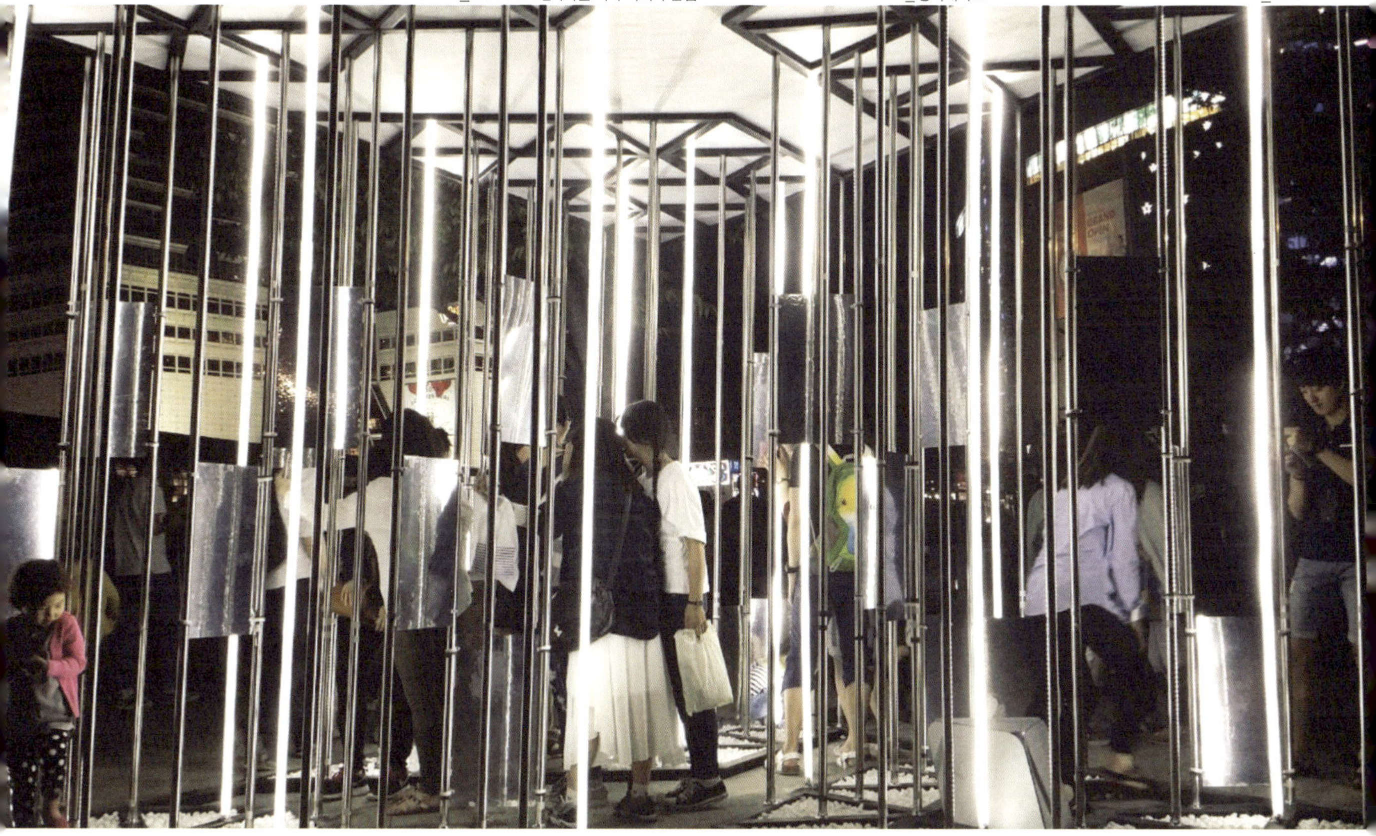

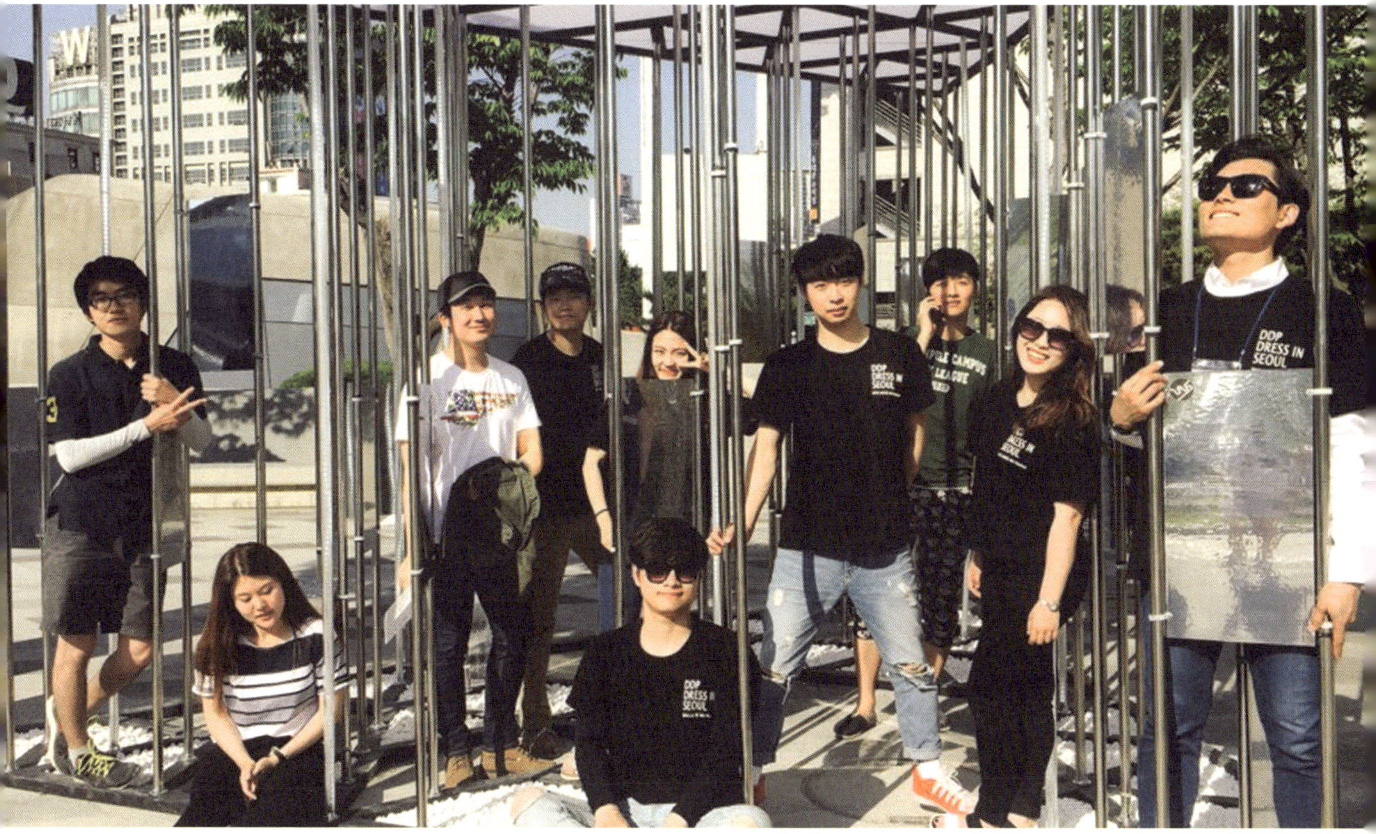
DDP
DRESS IN
SEOUL

_UAUS 2015   _DDP DRESS IN SEOUL

최기봉_최연주_윤남연_유진아_고기봉_김하경_남현태_황선우_김호철_신종범

광운대학교
다름, 닮음, 담음
DDP도 서울이다

_UAUS 2015   _DDP DRESS IN SEOUL

다른, 닮은, 담은 - DDP도 서울이다

'DDP도 서울이다'는 DDP 이용자들에게 새로운 시각을 부여하는 것에 초점을 두었다. 서울의 특징 중 성문과 성곽으로 둘러싸인 '독특한' 도시라는 특징에서부터 출발해 '서울'과 'DDP'가 이질적인 모습이 아니라 'DDP도 서울의 일부'로써 식 할 수 있게 한다. 이를 우리 대지의 형태를 본 따 큰 틀을 삼고, 비워내는 방법을 통해 성문을 보여주고자 했다. 또한 이를 '투시도 효과'라는 입체적인 공간 구성 원리를 통해 흥미를 유발하고, DDP의 모습을 '새롭게 감상'하는 행위까지 이끌어내고자 한다.

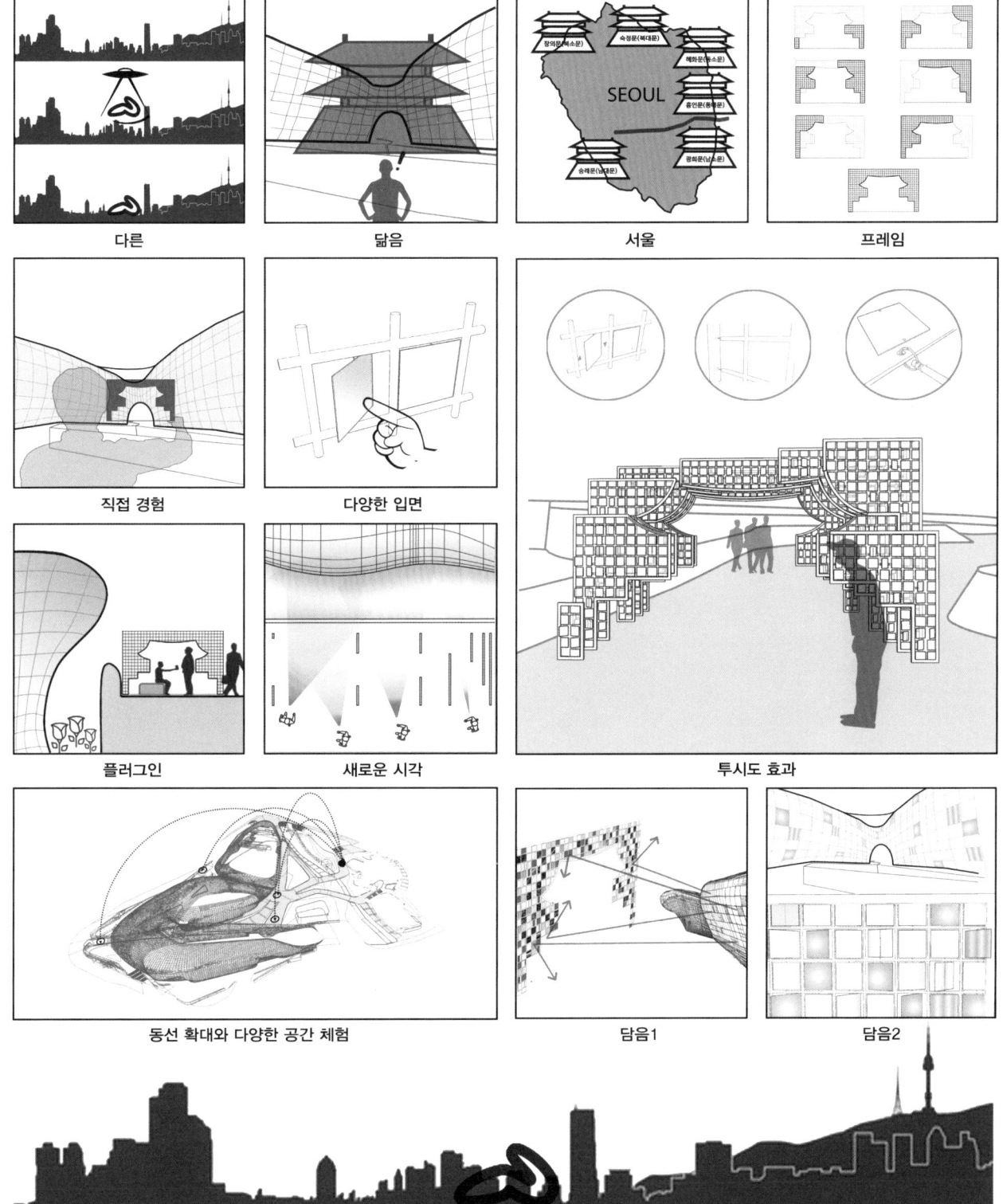

_UAUS 2015   _DDP DRESS IN SEOUL

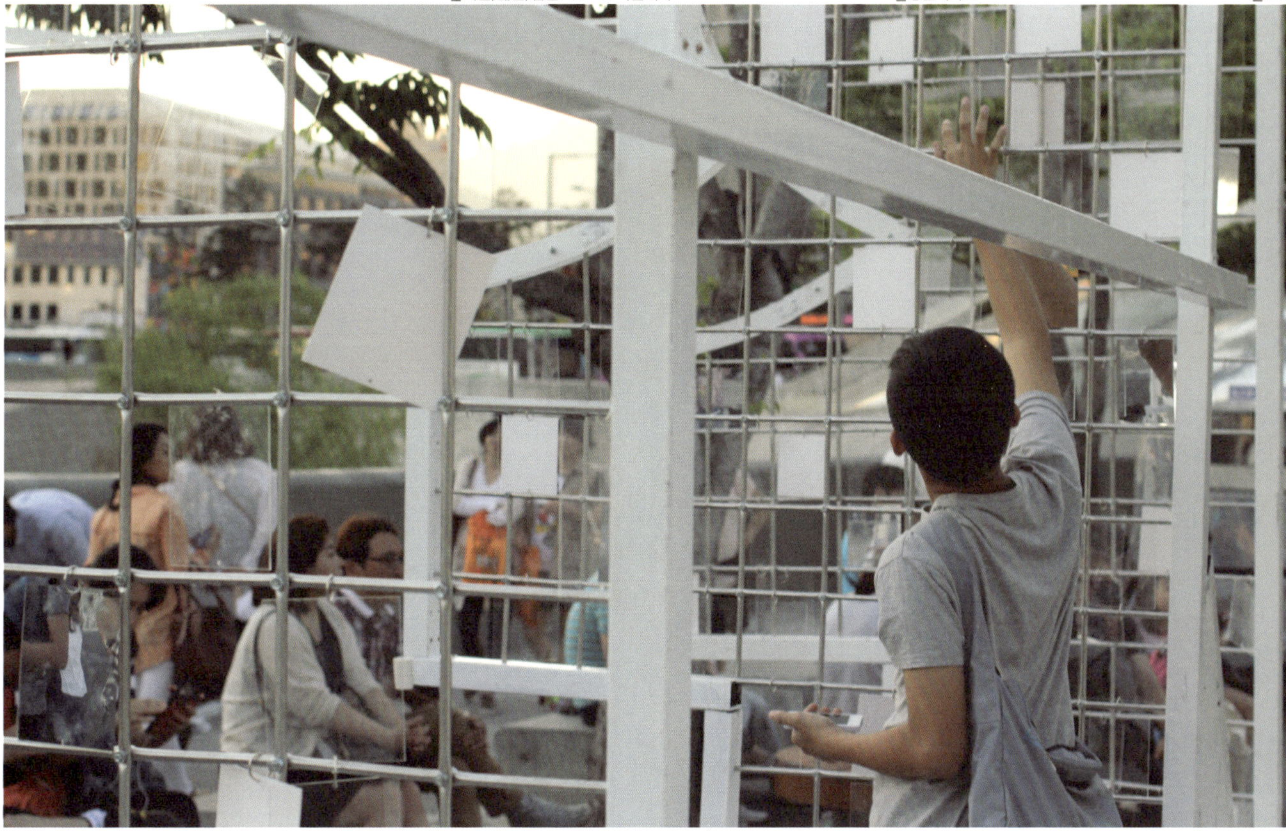

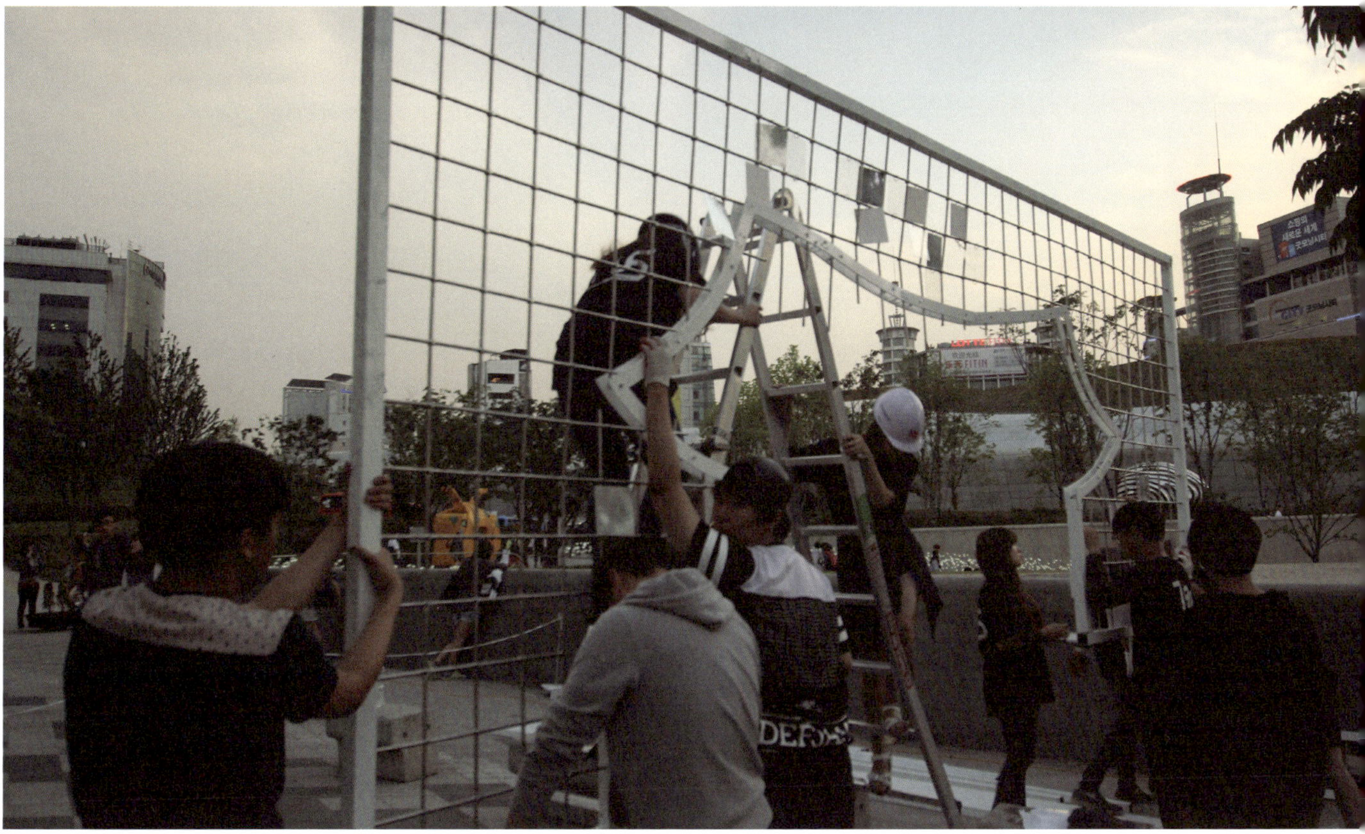

_UAUS 2015　　　　　　　　　　　　　　　　DDP DRESS IN SEOUL

_UAUS 2015   _DDP DRESS IN SEOUL

이혜민_박지해_이진경_김민규_임정환_고승재_김영민_신윤호_이예령_장현오_유재환_유한슬_이주영_이수빈_정채은_김효주_서민수

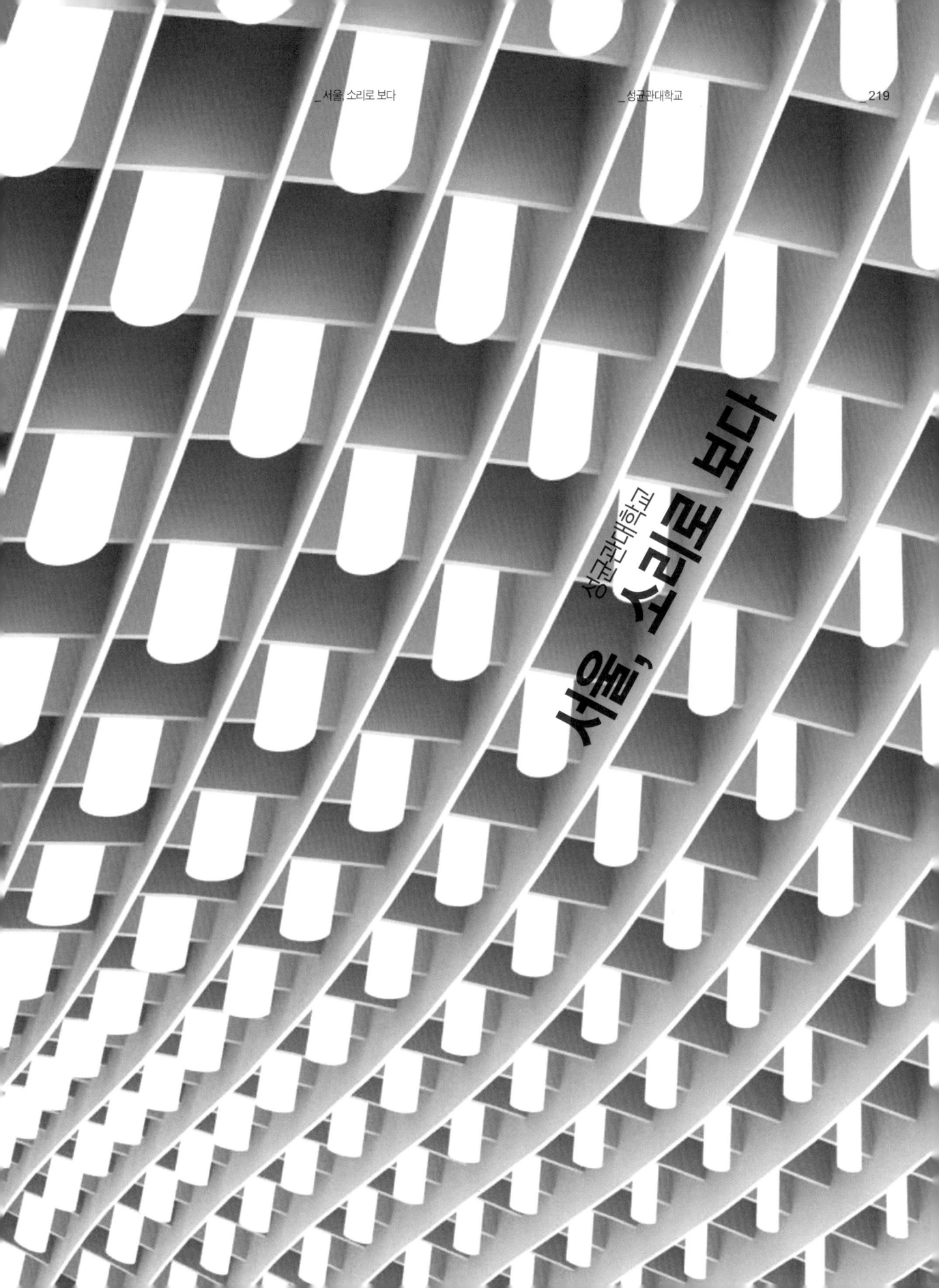

_UAUS 2015 _DDP DRESS IN SEOUL

_ UAUS 2015   _ DDP DRESS IN SEOUL

SEE THROUGH SOUND - 서울, 소리로 보다

서울의 스카이라인을 은유하며 시각적, 청각적 공간을 재현한 파빌리온이다. 천장과 벽면의 경계가 없는 자유로운 곡선은 시각적으로 공간감을 주며, 내부의 윈드차임은 청각적 프로그램으로 참여자가 행위를 통해 공간을 시각과 청각으로 느낄 수 있도록 계획했다. 또한 그늘이 부족한 역사문화공원에 그늘을 만들며 이웃한 파빌리온의 벤치와 콜라보레이션을 통해 휴식공간을 제공하였다.

_UAUS 2015   _DDP DRESS IN SEOUL

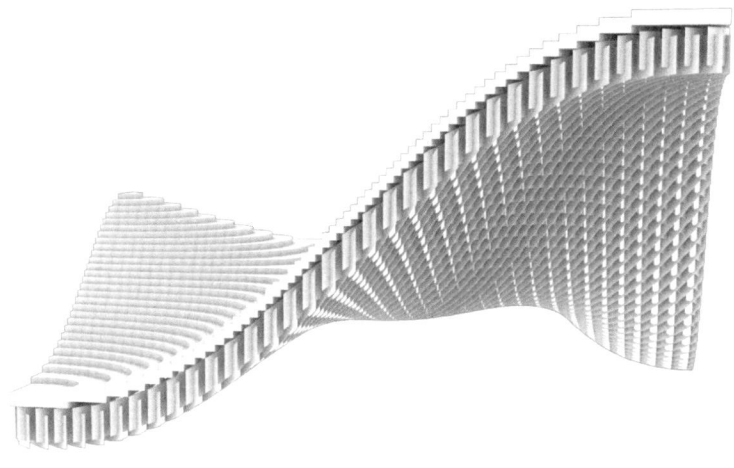

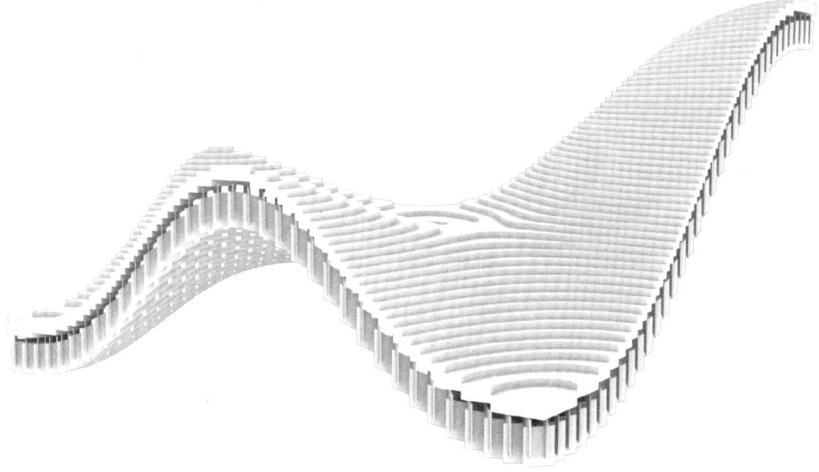

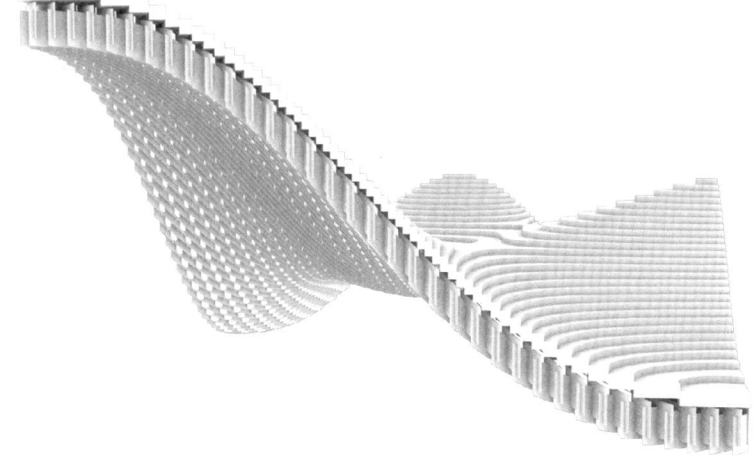

Design Process

서울의 다양한 스카이라인을 은유하였고 DDP 서울을 입다가 주제라는 점을 고려하여 지붕과 벽의 경계가 없는 자유로운 공간으로 파빌리온을 구성하였다.

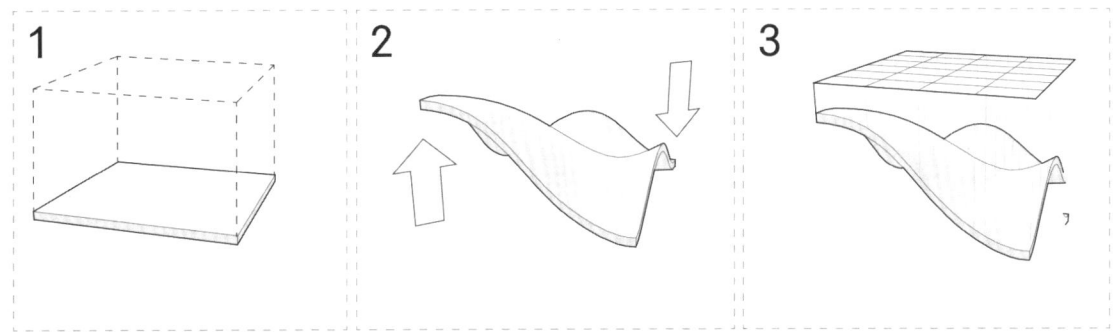

DDP Dress in Seoul 주어진 16㎡의 공간에 서울의 어떤 특징을 담을 수 있을까?

우리는 높고 낮은 다양한 스카이라인을 가진 서울을 파빌리온에 담아보기로 했다.

시공을 위한 24개의 Unit을 구성하였으며, 각각의 유닛에는 216개의 캔이 들어간다.

Modulization

600X900의 24개 Unit으로 나누어 제작하며, 한개의 유닛은 216개의 캔으로 구성된다. 각각의 유닛들은 구조체이면서 지붕이자 벽의 역할을 한다.

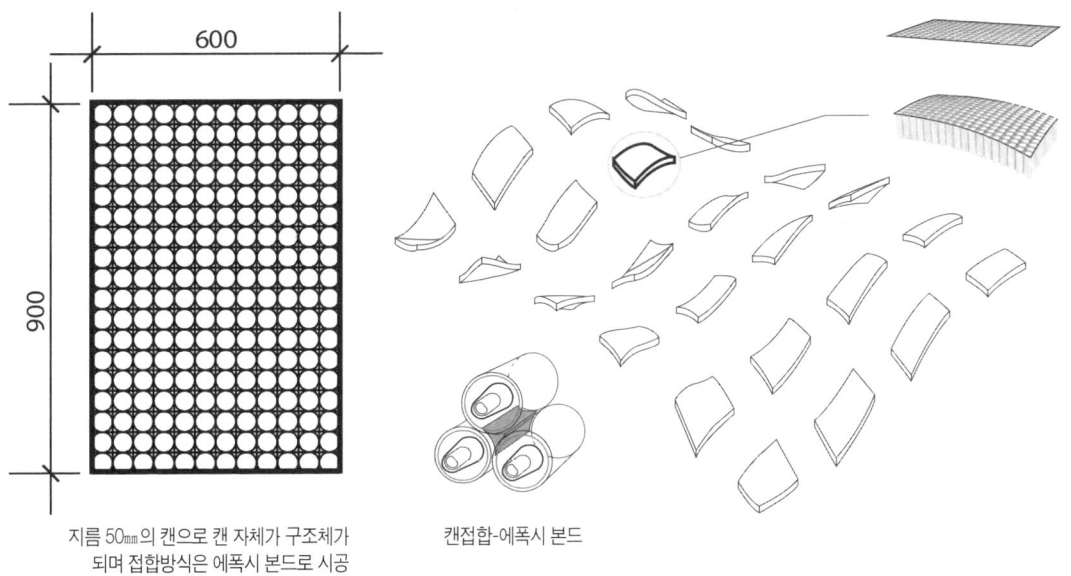

지름 50㎜의 캔으로 캔 자체가 구조체가 되며 접합방식은 에폭시 본드로 시공

캔접합-에폭시 본드

_ UAUS 2015   _ DDP DRESS IN SEOUL

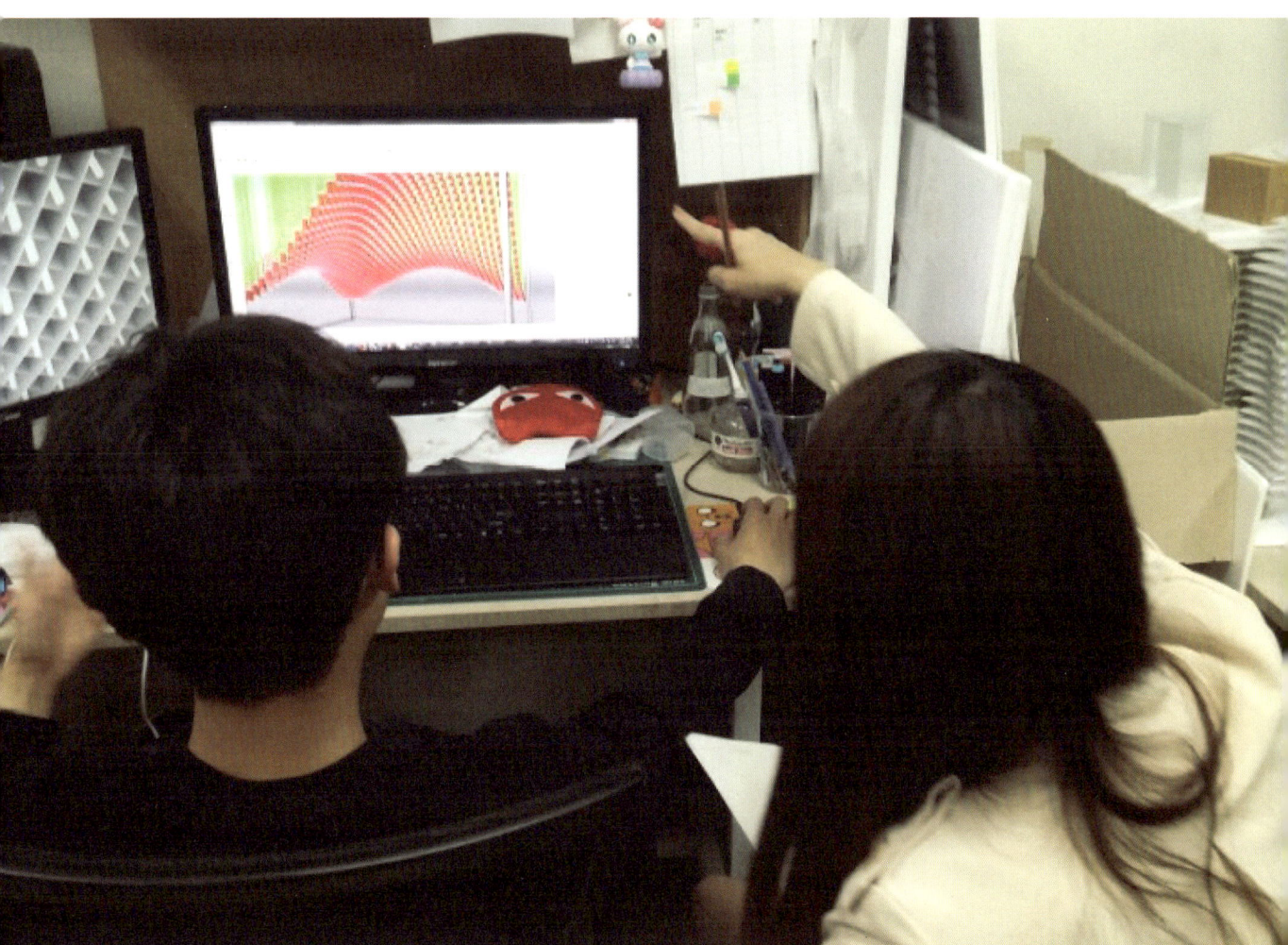

_UAUS 2015   _DDP DRESS IN SEOUL

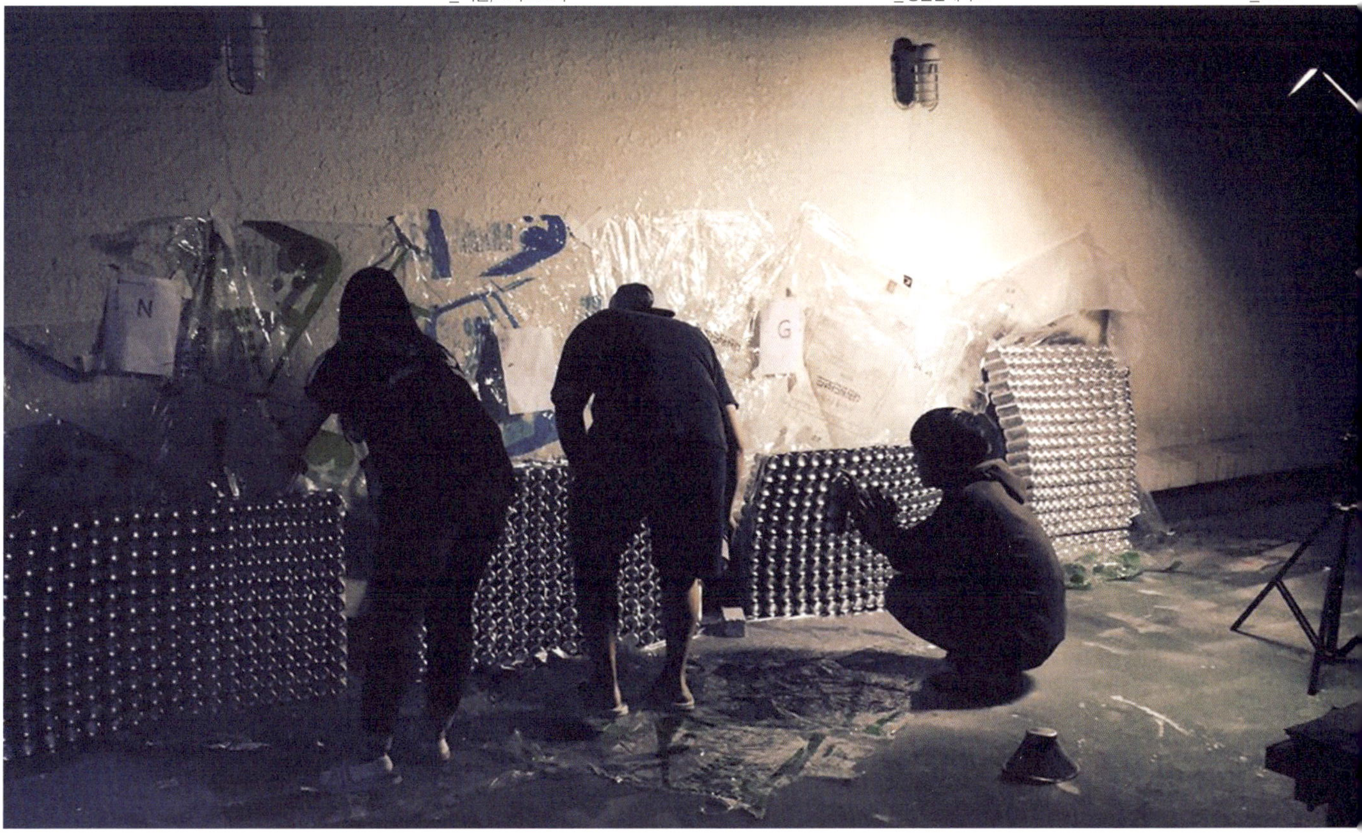
N
G

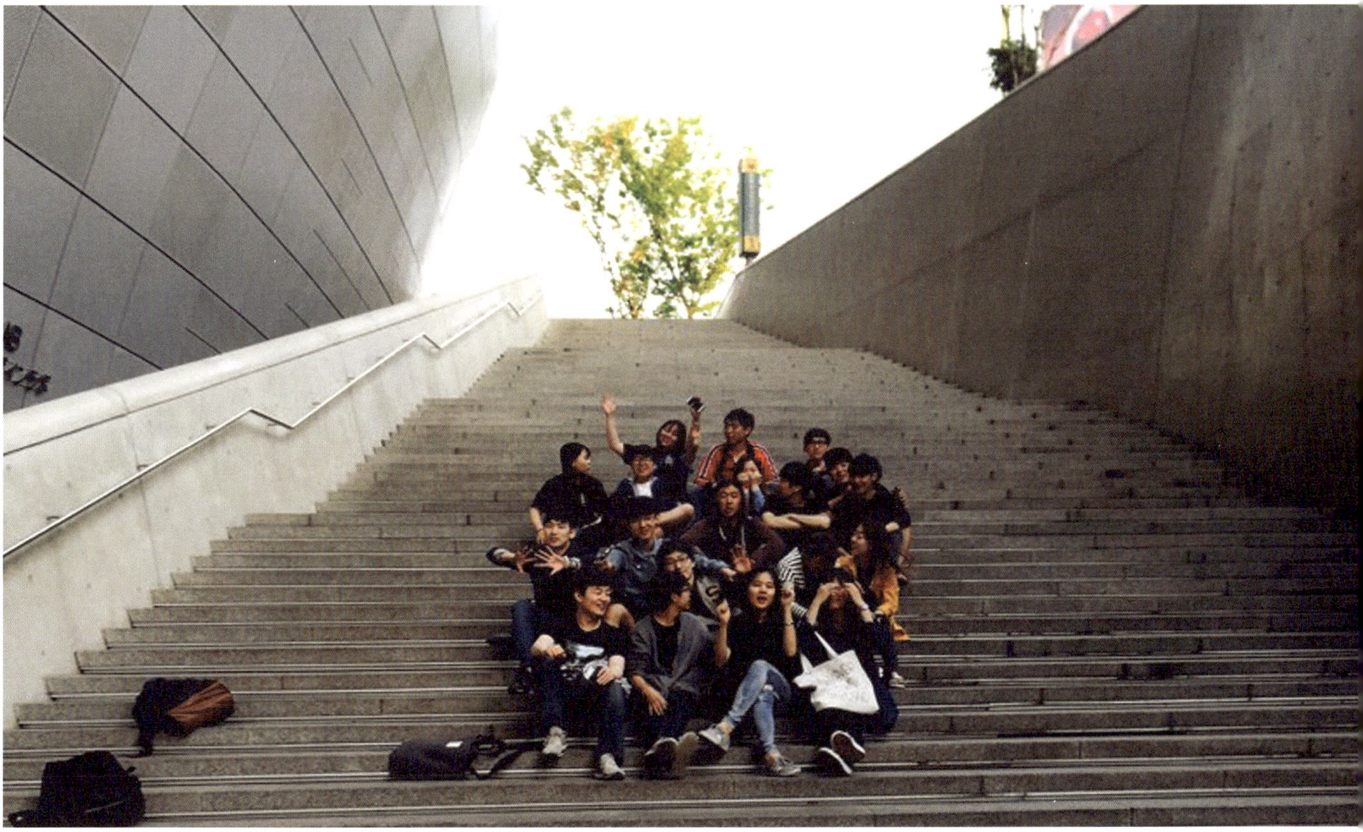

_UAUS 2015   _ DDP DRESS IN SEOUL

공민철_류해진_민도현_박디새_송은아_송혜인_오하늘_왕이정_윤소희_이승훈_이지연_장건영_정태화_최정윤_최정현

_ UAUS 2015   _ DDP DRESS IN SEOUL

SATIN 214
_KOREA UNIVERSITY

Satin 214

SATIN 214는 붉은 원단으로 대변되는 순수한 매스로서 이용자의 임의적 변형을 통해 그 공간적 특성과 용도가 끊임없이 재창조된다. 이를 통해DDP와 더불어 동대문시장이 포용하는 창조적 잠재력을 드러내는 장(場)이 된다. 우리가 제안하는 파빌리온은 이용자들로부터 동대문시장의 아이덴터티를 규정하는 두 가지 성격 - 매매물품의 순수성과 소비자의 창조적 의도 - 에 대한 인식을 이끌어내고 그들의 반복적 참여를 통해 두 개념을 강화시키는 데 목적이 있다.

_UAUS 2015   _DDP DRESS IN SEOUL

CONCEPT

붉은 색은 다른색과 섞이지 않은 원색으로 순수성을 상징하며 강렬한 시각적 이미지로 창조적 잠재력을 표현한다. 천장, 벽, 바닥이 구별되지 않는 연속적 형태는 디디피의 형태를 따르며 따라서 자연스럽게 사이트의 일부가 된다.

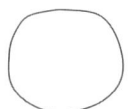  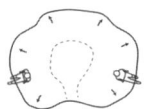 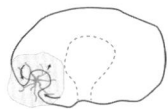 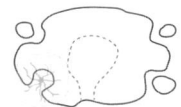

형태와 목적이 결정되지 않은 원재료를 상징하는 순수한 매스

동대문 시장의 소비자들이 원재료의 가치를 재생산하듯 이용자가 형태와 의도를 변화시키는 창조적 주체가 됨

사이트의 물리적 요소에 반응

분할을 통한 매스의 증폭과 다양화

PROGRAM

디디피 내 동선의 끝자락에 위치하여 보다 나은 휴게 공간의 필요성이 발견되었다. 시각적, 촉각적으로 따뜻하고 부드러운 이미지의 파빌리온은 기존의 차갑고, 딱딱한 이미지의 사이트가 휴식 공간으로 분명하게 인식될 수 있게 하는 역할을 한다.

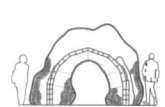     

휴식 공간으로 인식

외부와 내부에서 기대기, 앉기, 눕기 등 자유로운 형태의 휴식 가능

구멍들을 통해 디디피와 주변 사이트 조망

나무그늘과 이용자들 간의 소통

PLAN / PERSPECTIVE

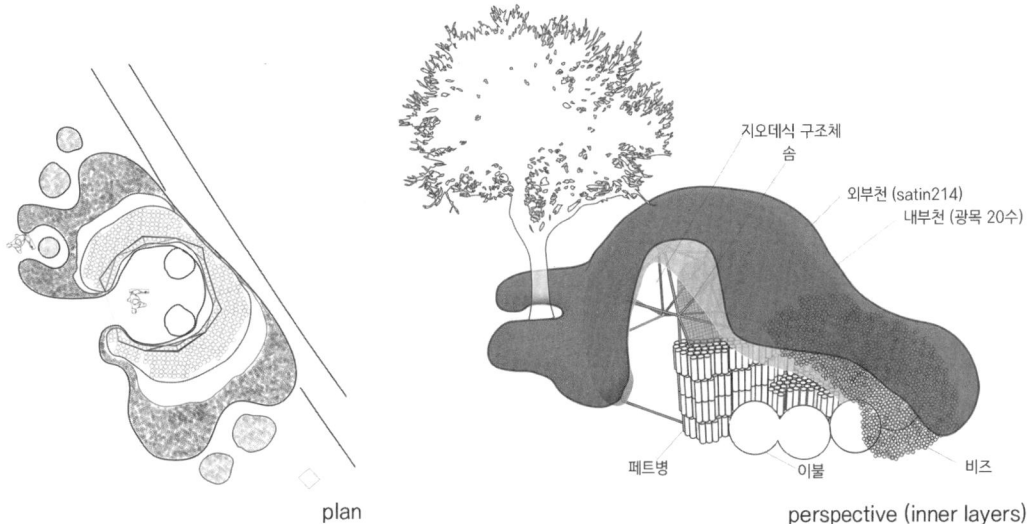

plan

perspective (inner layers)
내부 재료의 레이어화로 구조적 안정성과 촉각적 경험을 향상

EVENT

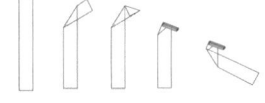

파빌리온을 짓고 남은 자투리 원단을 이용해 장미를 만드는 이벤트 고안

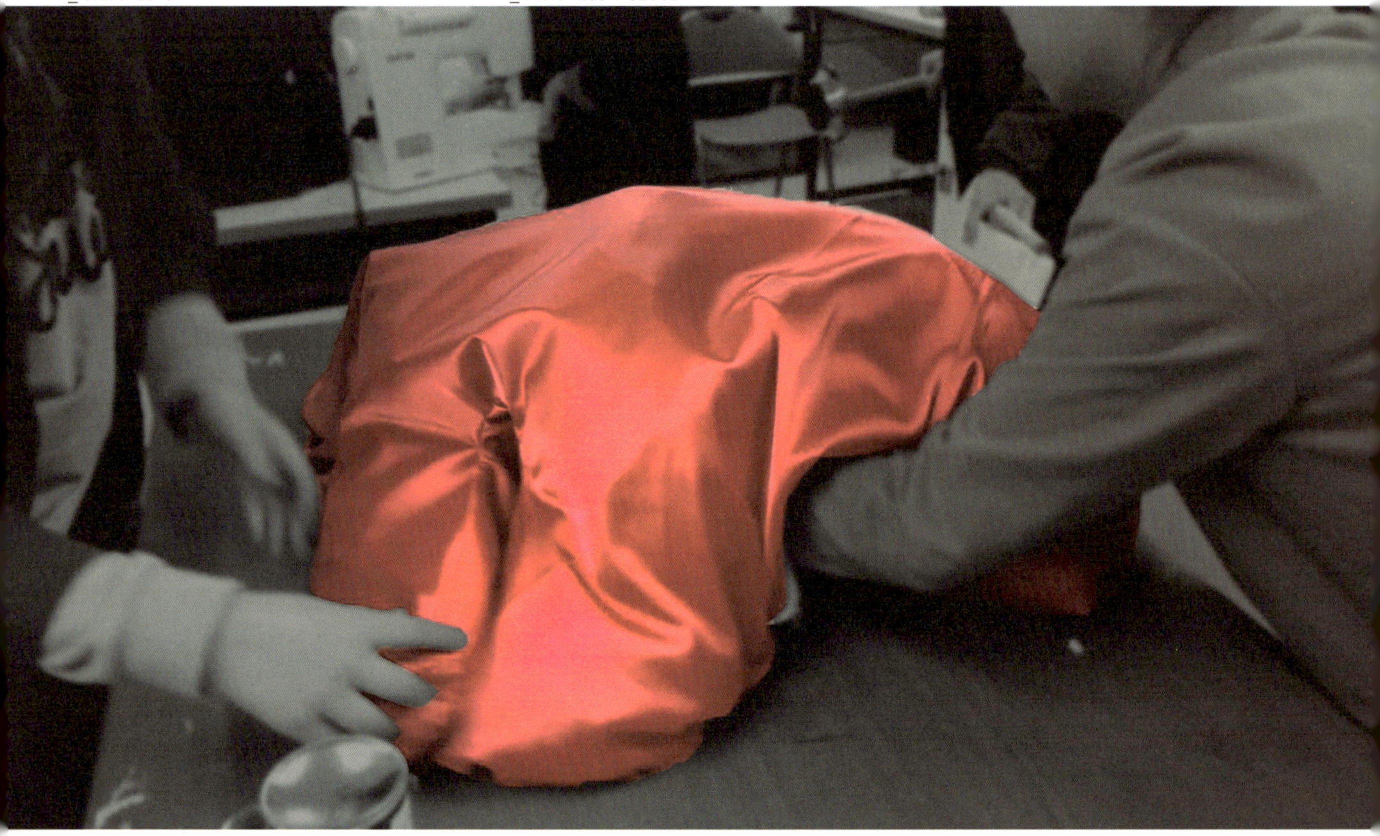

_UAUS 2015 _DDP DRESS IN SEOUL

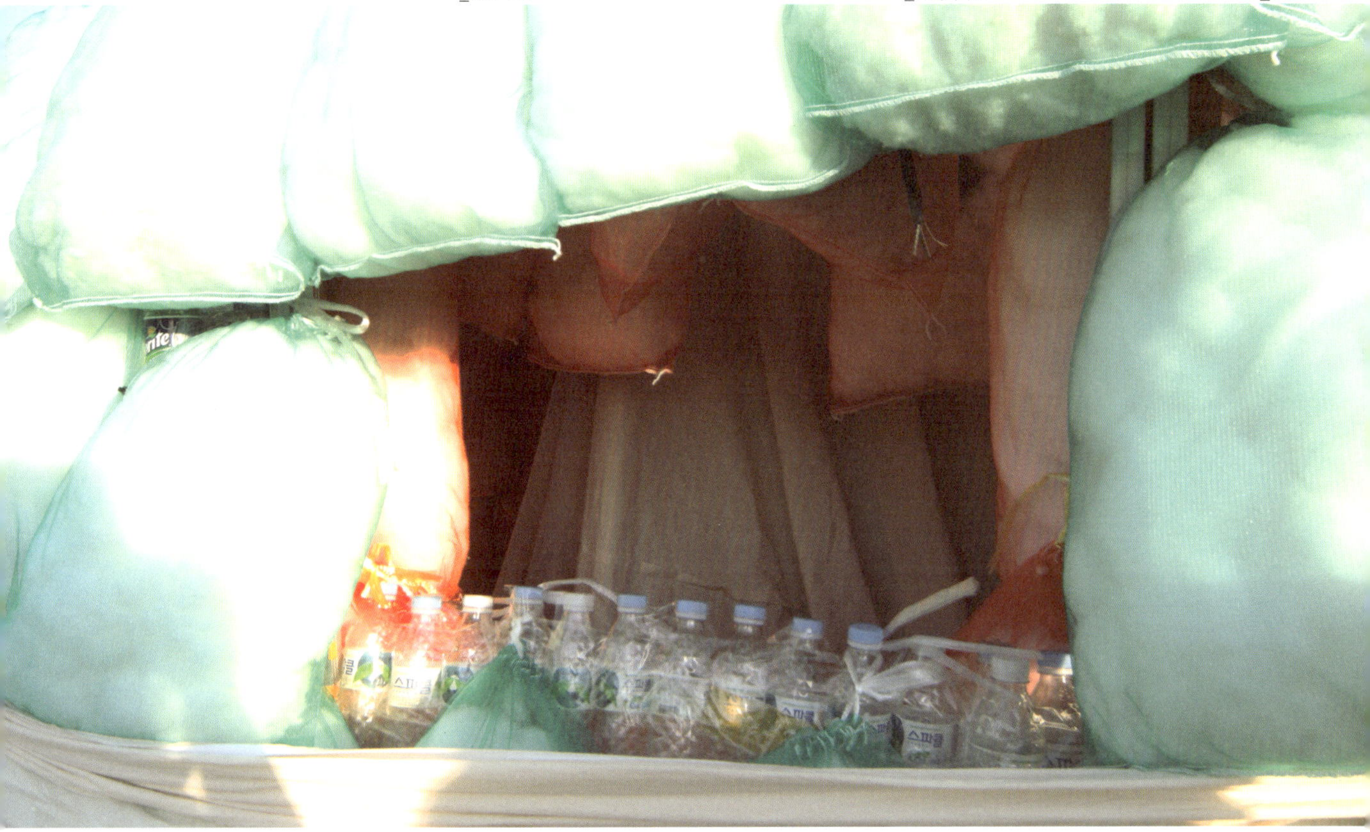

_Satin 214   _고려대학교   _239

_UAUS 2015 　　　　　　　　　　　_DDP DRESS IN SEOUL

Epilogue

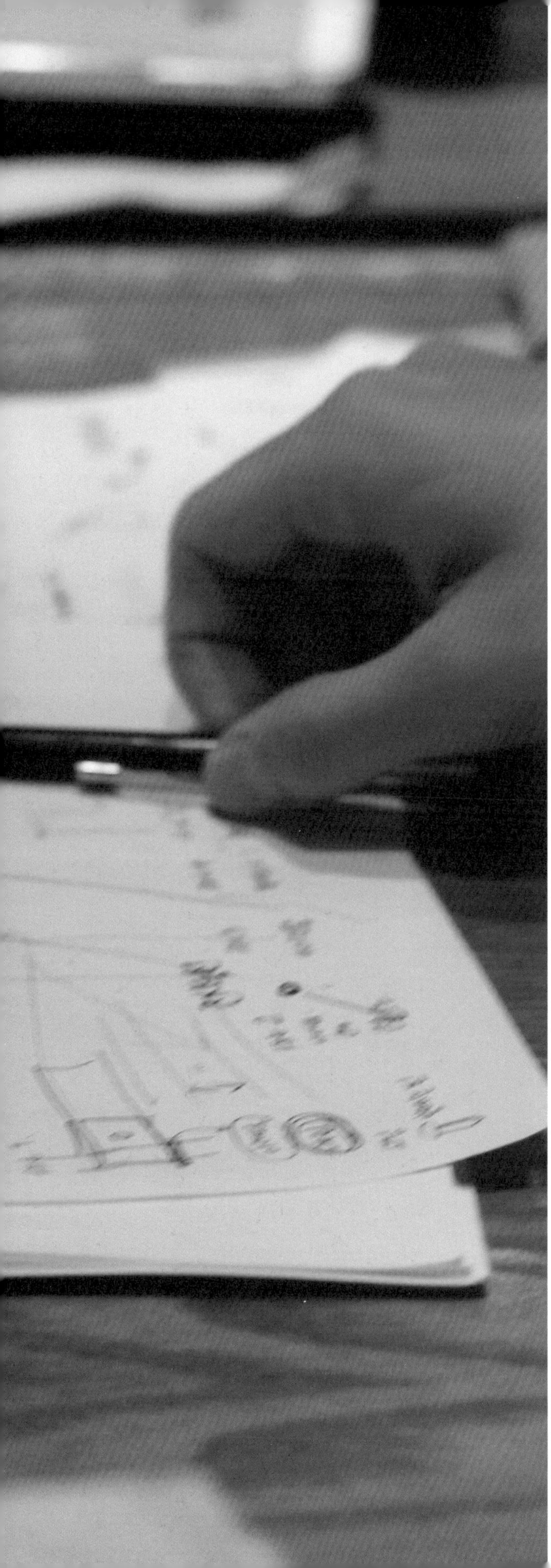

성균관대학교
홍익대학교
세종대학교
연세대학교
서울시립대학교
한양대학교
KGU

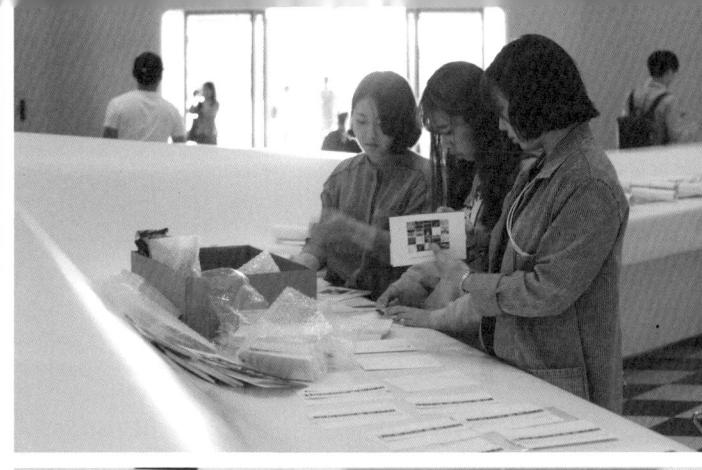

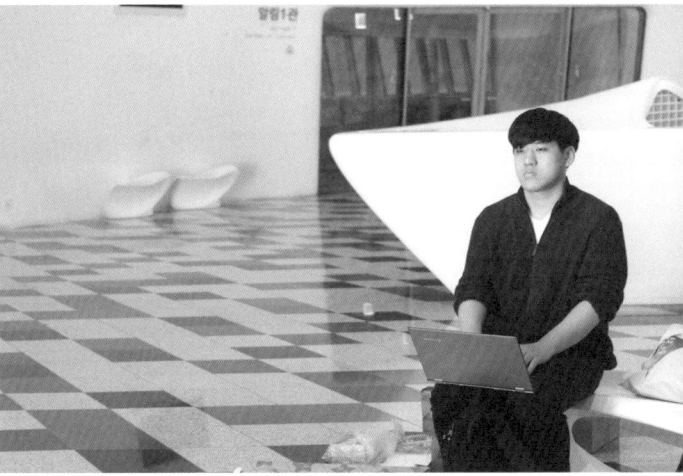

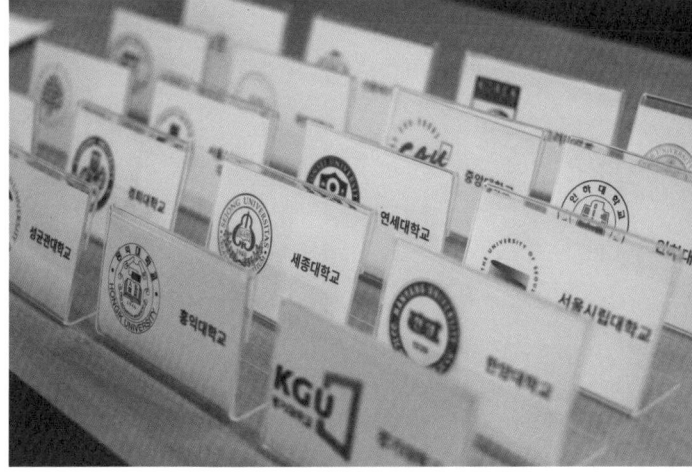

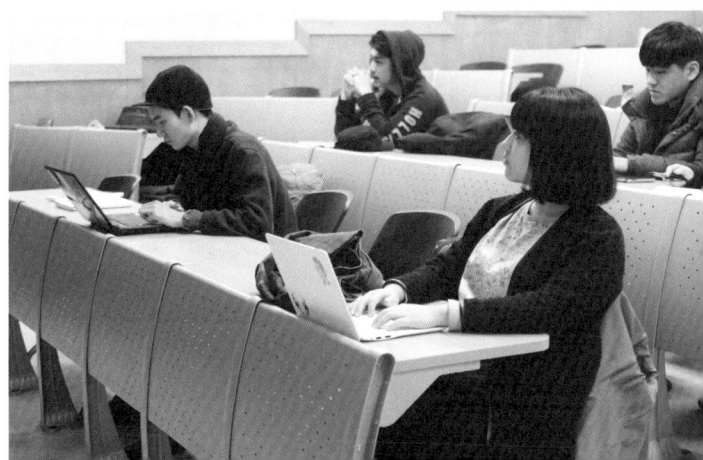

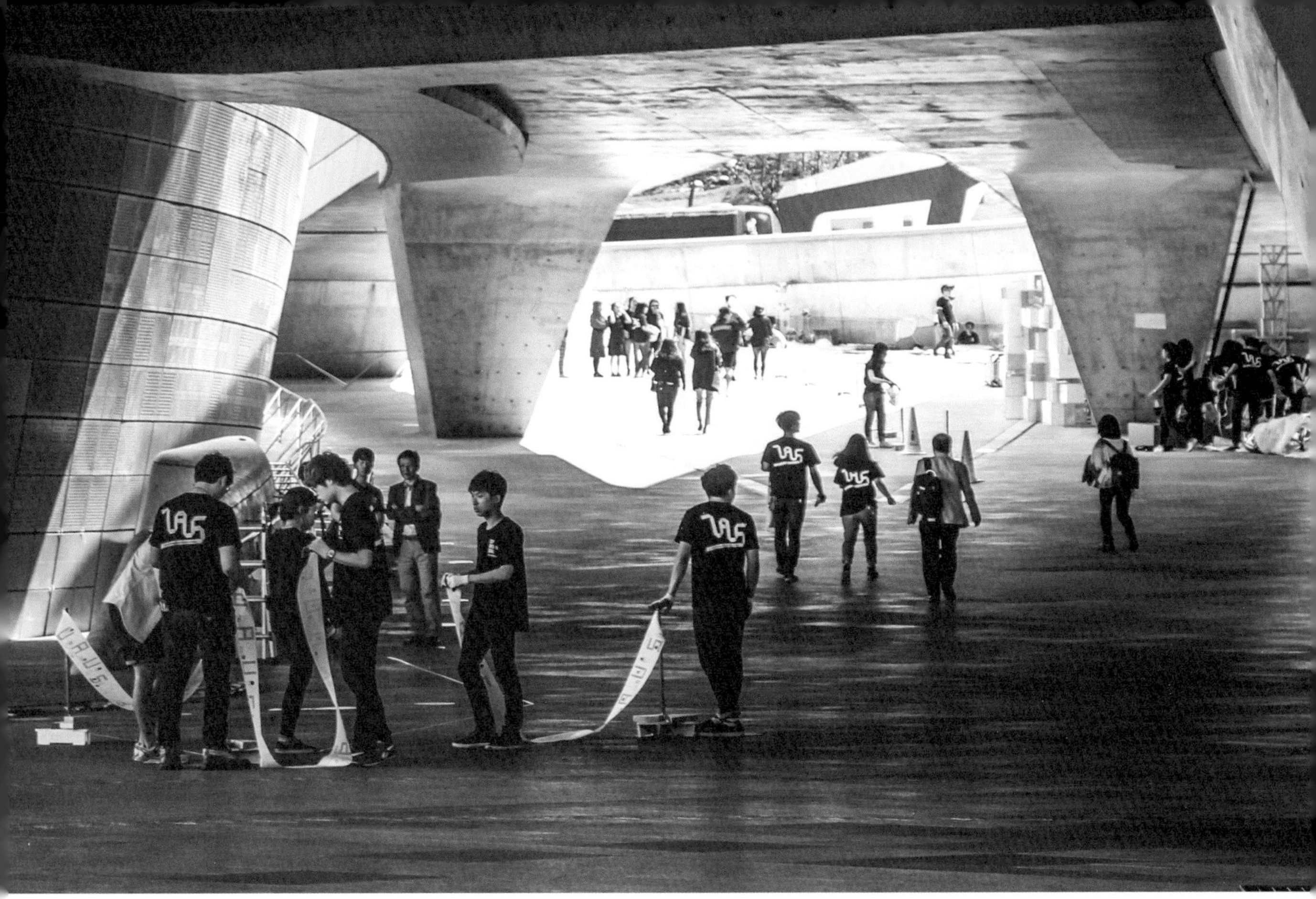

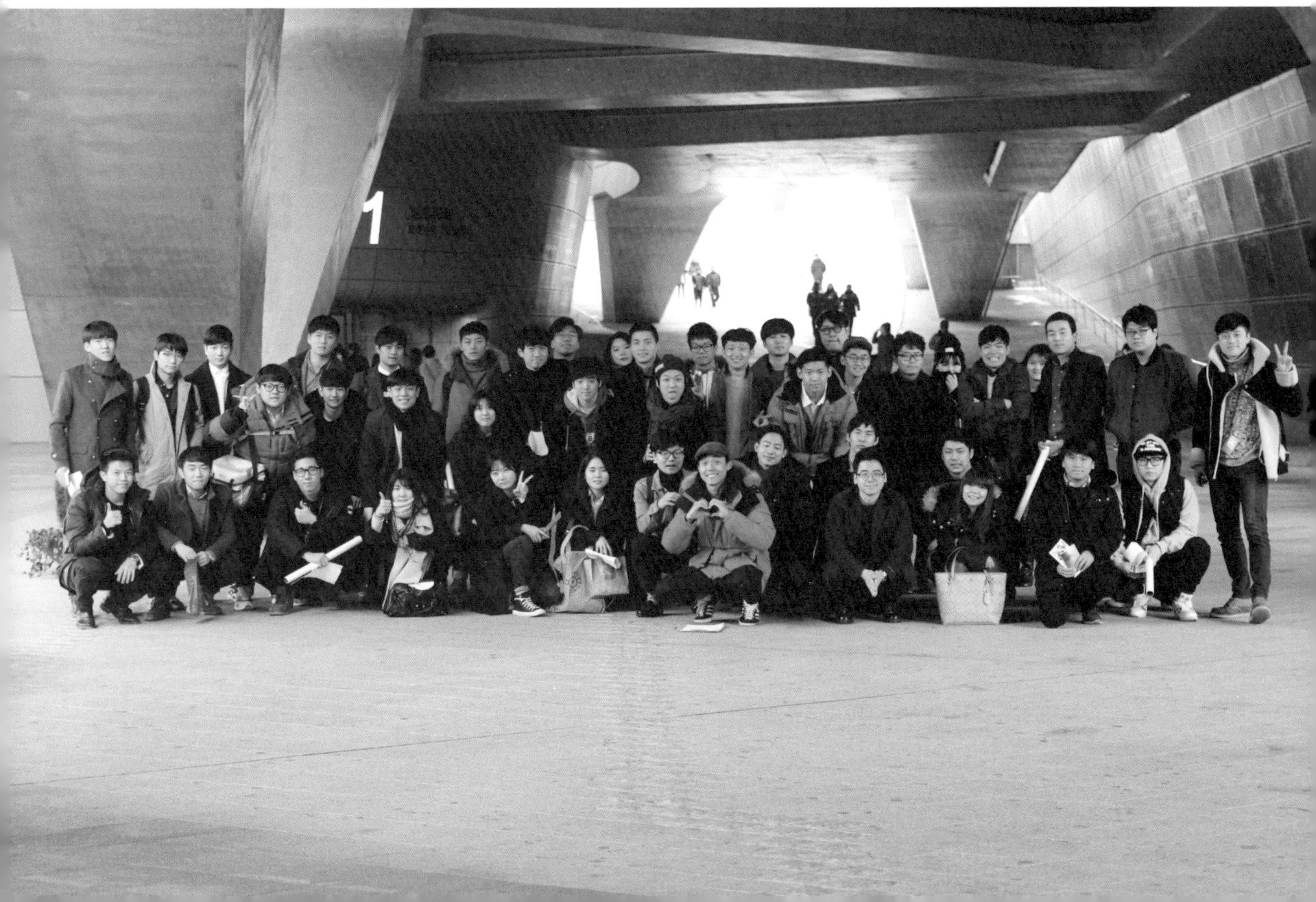

이종빈
도와주신 분들. 함께했던 분들. 응원해주신 분들 정말
감사합니다.끝났다는 안도감보다 도와주신 분들에게 어떻게
감사를 표현해야 할지, 미숙한 기획으로 피해를 본 학우들에게는 어떻게 미안함을 전해야할지 걱정이 앞섭니다. 더욱 유익하고
재미있어질 UAUS를 응원합니다.
기획단 정말 고생 많았고 꼭 다시 만나자!

조성민
대학생활 5년 중에 가장 뜻 깊은 시간을 보낸 것 같다.
우여곡절도 많았고 모든 것들이 생각처럼 만족스럽지 못하고
아쉬운 점도 많았지만 이런 기억 또한 좋은 경험으로 오랫동안 간직 될 것 같다. 회장단, 디자인팀 모두 고생하셨고 끝까지
노력해준 기획단 친구들에게 감사합니다. 이것이 인연의
끝이 아닌 시작이길 바랍니다.

김준현
멋진 축제만들어준 기획팀, 디자인팀 모두 고맙습니다.
함께 할 수 있어서 즐거웠습니다.

박순원
우아우스.. 지난 일 년 동안 제일 많이 들었던 단어인 거 같다. 그만큼 우아우스는 일 년 동안 언제나 내 곁에 항상 있었던 것 같다. 처
음에는 큰 그림만 그려질 뿐 상세한 것들이 그려지지 않았었는데, 한 달, 두 달이 지날수록 우리가 그려가는 그림의 디테일들이 채워
지는 것을 보며 희열아닌 희열을 느낀 것 같다. 아마 내 대학생활중 가장 재미있던 해가 아닐까 싶다.
건축학도라면 꼭 해보기를!

김의종
여럿이 힘을 조금씩 합치는 것은 대단하다. 하지만 때로는 리더의 큰 힘이 다른 측면에서 더 강할 수 있다고 생각되었다.
큰그림을 그리기위해 최소한의 열정과 노력 대해 깨달았으며 배웠던 뜻 깊은 시간이었다.

강창하
도전, 성취, 친구, 감격, 희열, 다시 도전, 이 모든 말이 나에겐 UAUS의 또 다른 이름이었다. 기획단을 하면서 제일 많이 느끼는 감정은
후회이다... 왜 더 좋은 아이디어를 내지 못했을까
왜 더 열심히 하지 못했을까... UAUS에 대한 애정 때문인지
아쉬움만 가득하다. 그러기에 나는 후회하지 않는 방법을
UAUS 기획단을 통해 배웠다. UAUS, 고맙습니다.

이정현
Nothing is impossible
4기 화이팅! V

변지우
나에게 uaus 활동 기간은 새로운 사람들과의 소통을 통해
만들어낸 대학생활 중 언제든 회상해도 웃을 수 있는 빛나는
시간이었고 나 자신의 성장을 이끌어준 시간이었다 또한
나 뿐만 아니라 참가한 모든 건축학도들에게 건축이라는
전공을 공부하면서 느끼는 괴리감을 좁혀줬던 최고의
경험이 아니었을까 ! Uaus 4기여 영원하라 뽀에버
다 같이 밥먹어유 냠냠냠

조은아
건축학과 1학년 신입생으로 들어와 1년이 지나 2학년이 되기까지 UAUS는 저에게 많은 영향을 주었습니다. 홍보팀으로 들어와 좋은
사람들을 많이 만날 수 있었고 학교 생활을 통해서는 겪을 수 없는
다양한 회의에도 참여 하며 많은 것을 배울 수 있었습니다.
마지막으로 모든 회장단, 디자인팀분들 수고하셨고 기획단원들도
저에게 항상 좋은 조언을 해주셔서 감사합니다!
UAUS 파이팅! 흥해라·___·!

양원중
항상 처음은 설렌다. 처음으로 학교에 입학할 때, 첫 연애를
할 때, 기대하던 영화를 처음 볼 때와 같이 단순한 순간들도
처음이란 이유로 특별해진다. UAUS의 전시 또한 나에겐 그랬다. 그리고 전시를 하는 모두에게도 그랬을 것이다. 기획단은 물론이고,
디자인팀, 회장단도 모두. 우리는 어수룩하고, 부족했지만 처음이기에 열정적이었고, 더 노력했다. 그렇기에 전시하는 순간순간이
특별했다. 지금 돌아보면 처음이라는 느낌이 UAUS만이
줄 수 있는 묘미가 아니었나 싶다.

김수정
4기 기획단 한사람 한사람 고마워요! 막내 지내면서 배운게
정말 많았어요. 뭔가를 스스로 했다기보다 모든 걸 배워가던
시간들이에요. 저 대신해서 고생했던 4기 기획단 다들 고마워요.
모두 보은하고 싶은데 신촌오면 연락해줘요ㅎㅎㅎ 하하하
같이 맛있는거 먹으면서 이야기해요 꼭! 좋은 모습에서
좋은 기억만 가져가는 4기 기획단 다들 정말 수고많았어요.
p.s. 원중아! 친해지자! 4기 영원하라!

정민영
우여곡절 많았던 1년이었다. 모든 게 처음 해보는 일이라서
서툴렀고 시행착오도 많았다. 하지만 덕분에 많은 성장을
할 수 있었다. 또한 학생신분으로 쉽게 할 수 없는 경험이었기에
어느 것보다 값지다고 생각한다. 무엇보다도 UAUS 기획단원들을 만난 게 나에게 가장 큰 선물이다. 새로운 사람을 만나
친해진다는 게 어려워진 나에게, 이들은 정말 고마운 존재다.
물론 사람끼리 하는 일이기에 마음상할 일도 있었을 것이다.
하지만 임기가 끝난 지금, 지난 1년을 되돌아보면 이렇게
좋은 사람들이 있나 싶다. 누군가가 4기 기획단이,
지난 1년이 어땠느냐고 묻는다면 자신 있게
'좋았다' 라고 말할 것이다.

김균철
배운점도 많고 느낀점도 많은 좋은 경험이었습니다. 많은 분들의
노력으로 발전한 UAUS가 앞으로도 계속해서 발전하는 단체가
되길 진심으로 응원하겠습니다. 이렇게 좋은 경험을 하게 해주신
4기 기획단 팀장님들과 이종빈 단장님께 진심으로 감사드리고
기획단원분들 정말 수고 많으셨습니다.

김해연
건축을 배우는 학생이라는 이유 하나만으로 모이게 된 우아우스.
이 짧은 글 안에 우아우스와 함께한 추억을 전부 다 담아내기엔
너무나 많은 일이 있었고, 그 만큼 많은 것을 느꼈으며, 소중한 것을 얻었습니다. 일요일이면 다함께 모여 회의를 하고, 마무리로
단체사진을 찍어야만 할 것 같은데 어느덧 길지도 짧지도 않은
1년이라는 시간이 지나 마지막 인사를 하게 되었습니다.
그 동안 함께해준 모든 이들에게 감사하며, 앞으로도 이 모든 것들이 계속되길 바랍니다.
4기 기획단 회장단 디자인팀 모두 고생 많으셨습니다. :)

임치무
UAUS 농사 잘 짓고 갑니다. 이 책은 한 해 농사 스토리를 압축하여 담아냈습니다. 썩히지 말고 펼치세요.

Special Thanks to

열렬한 지원과 조언을 아끼지 않으신

박무호_최구환_윤대영_박원근_김창길_유대근_한기준_동준모_
최인제_김기호_한우근_이경일_유승리_전효진_이준희_심영규_정찬호
1기 기획단_2기 기획단_3기 기획단

바쁘신 와중에 심사에 참여해주신

김광현_허영_양상준_윤대영_유석윤_박주호_박원근_김창길_김영석_
안준석_천장환_Laurent Pereira Godinho_신유진_박미예_오상훈_
이명식_김정수_남정민_황경주_이중원_민형준_성주은_국형걸_조민정_윤서연_김재경_조한

항상 모든 자리에서 상황을 기록하고 작업해 주신

김해연_동준모

모두 감사합니다!